읽자마자 쉬워지는

물리학 교과서

읽자마자 쉬워지는 물리학 교과서

돈으로 이해하는 물리학 법칙

일 * 운동 에너지 * 전자기학 * 파동과 입자

이광조 지음

보누스

중고등학교 물리학은 여러분이 생각하는 것만큼 어려운 수학을 요구하지 않습니다. 학교 시험뿐만 아니라 수능에서도 마찬가지입니다. 모든 계산은 사칙연산(+ , − , × , ÷)이 전부이고, 정작 이를 넘어서는 수학 개념은 대학 전공 물리학 수준에 가서야 비로소 사용됩니다.

그러나 사람들이 흔히 알고 있는 물리학에 대한 인식은 이런 사실과 매우 다릅니다. 전공 수준의 물리학까지 공부한 사람은 그리 많지 않을 텐데도 거의 모든 사람이 '수학이 어려워서 물리학이 싫었다'라고 기억하는 것이죠.

이제 물리학의 대표적인 오해를 살펴보겠습니다. 물리학에 나오는 숫자 자체가 어려운 건지, 수학적 계산이 어려운 건지를 정확히 파악할 필요가 있습니다. 시간을 확인하려고 핸드폰을 쳐다봤을 때 숫자의 의미를 몰라 마음이 불안해진 적이 있나요? 신체 검사 결과를 나타낸 숫자를 보고 나이, 키, 몸무게를 파악하기 어려웠던 적이 있나요? 여기에 해당하지 않는다면 전혀 숫자를 두려워하지 않는 것입니다.

편의점에서 1,000원짜리 라면을 사려고 5,000원을 냈다면 얼마를 거슬러 받아야 할까요? 누구나 4,000원이라고 대답할 것입니다. 그리고 4,000원을 돌려받으려면 1,000원짜리 4장으로 받아야 한다는 것도 누구나 알고 있습니다. 이 계산이 어렵지 않다면 물리학에서 사용되는 수학 역시 두려워할 필요가 없습니다.

실제로 물리학이 어렵다고 느껴지는 이유는 수학 실력이 아니라 논리적 사고가 부족해서입니다. 다시 말해 정확한 개념 이해 없이 무턱대고 외운 대로 문제 풀이에만 골몰하기 때문이죠. 공식만 암기하고 있으면 된다는 획일적 접근이 물리학을 향한 오해가 커지는 데 한몫을 했습니다.

제가 EBS 강의나 학교 수업에서 계산 없이도 몇 초 만에 문제의 답을 낼 수 있는 이유는 바로 물리 법칙을 비유로 이해한 덕분인데, 구체적으로는 물리 법칙을 단순 '돈 계산'으로 만들어버렸기 때문입니다. 지금부터 여러분도 저와 같은 논리로 물리학을 이해할 수 있도록 다양한 비유를 통해 물리학을 알아보려고 합니다. 어렵게만 느껴졌던 물리학 법칙의 단순함에 놀라고, 물리학에 대한 생각도 몰라보게 달라질 것입니다. 그럼 이제 '돈'으로 얼마나 쉽게 물리학을 이해할 수 있는지 함께 체험하러 가볼까요?

이광조

차례

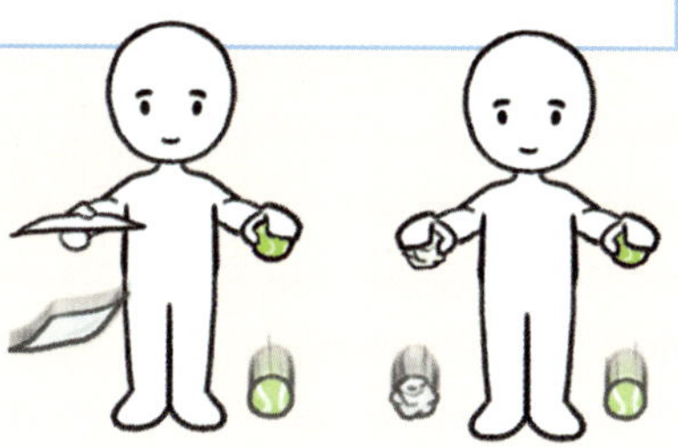

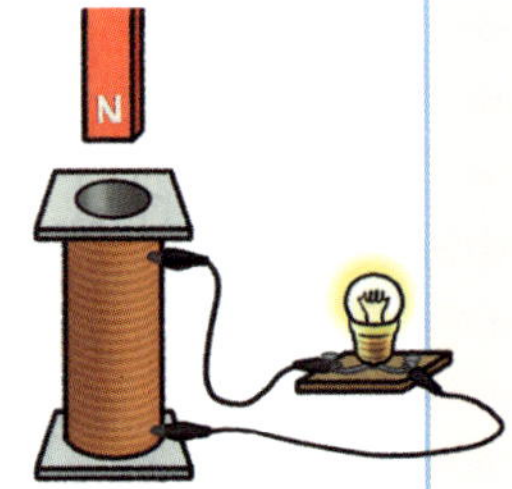

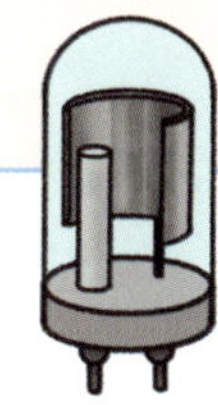

1장

알고 보면 뻔한 물리학

물리량이란 말 그대로 '물리에서 사용되는 양'으로, 물리학에서 다루는 대상을 양적으로 나타낸 것입니다. '양'과 대비되는 것은 '질'입니다. 우리는 흔히 음식을 고를 때 '양이 많은가' 또는 '질이 좋은가(맛이 있는가)'와 같이 구분하곤 합니다. 즉 일상에서는 양과 질이 개인적인 선호와 선택의 기준이 됩니다.

하지만 물리학이 다루는 자연 세계에서는 옳고 그름 또는 좋고 나쁨이 없습니다. 인간도 자연의 구성 요소일 뿐이므로 어떤 것에 임의로 가치를 부여하거나 평가할 수 없기 때문입니다. 따라서 물리학에서 '질'은 판단할 수 없으므로 고민의 대상이 아닙니다.

우주와 태양은 왜 존재하고 지구는 왜 하루에 딱 한 번 자전해서 낮과 밤이 생기는지 호기심을 가질 수는 있지만, 이것이 과연 옳은 것인지 그른 것인지에 대한 가치 판단은 의미가 없다는 뜻입니다. 인간은 이에 대한 답을 얻을 수 없습니다. 오히려 이런 질적 요소를 향한 어설픈 인간의 판단과 개입은 카이바브 고원 사건[1]처럼 자연의 질서를 어지럽힐 뿐이죠.

결국 물리학의 대상은 객관적으로 나타낼 수 있는 양뿐입니다. 따라서 양의 많고 적음을 나타낼 명료하고 간단한 수단으로 숫자가 사용됩니다. 그리고 숫자가 설정되는 기준인 '단위'를 추가해 숫자의 규모를 확실하게 결정합니다.

만약 100이라는 규모의 돈을 표현하려면 숫자로 100을 쓰고 '원'과 같은 단위를 붙이면 끝입니다. 여기에 '원' 대신 '엔' 또는 '달러' 같은 다른 단위를 붙이면 숫자 100이 바뀌지 않아도 각각 다른 양이 되지요. 마지막으로 100원이 무엇인지 이름까지 붙여주면 완벽한 물리적 표현이 됩니다. 누구나 알다시피 100원은 돈을 나타내므로 '돈'이라는 이름을 붙여주고, 이 돈의 양을 '='로 연결합니다. 여기서 말하는 '돈'이라는 명칭이 바로 물리량입니다.

이제 우리는 물리 언어를 모두 터득했습니다. 모든 물리적 표현은 대상의 ①이름, ②양, ③규모를 쓰면 끝납니다. 참고로 '돈'이라는 한글 대신 Money의 첫 글자를 딴 'M'을 사용한 이유는 물리학이 서양에서 정립된 학문이기 때문에 그들의 언어를 사용하는 것뿐입니다.

---

[1] 미국 애리조나 카이바브 고원의 사슴을 보호하기 위해 1905년부터 사슴의 포식자인 늑대를 무차별적으로 사냥했던 사건입니다. 과도한 사냥으로 늑대 개체 수가 감소하자 사슴은 폭발적으로 증가했고, 사슴의 먹이이자 서식지인 초원이 초토화되었습니다. 그러자 사슴의 개체 수 역시 급격하게 감소해 결국 전체 생태계가 심각하게 훼손되었습니다.

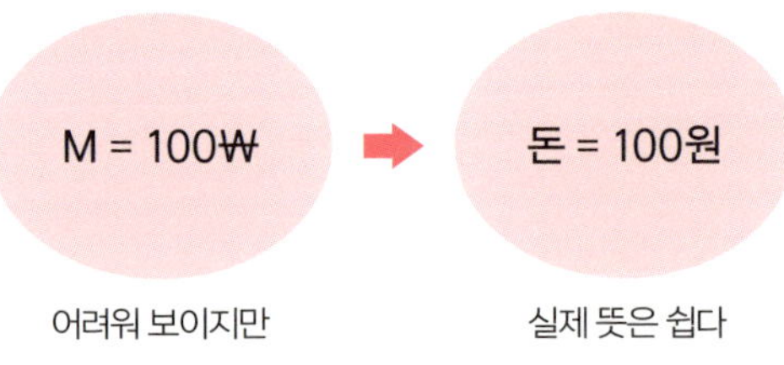

같은 형식으로 표현되는 다양한 물리량들 :

길이(l), 질량(m), 부피(V), 속도(v), 시간(t), 온도(T), 전류(I), 압력(p),…

단위에는 숫자를 줄이는 기능이 있어 양을 직관적으로 파악할 수 있도록 돕습니다. 예를 들어 천만 원을 가장 기본 단위인 '원'으로만 나타내면 10,000,000원이지만, '만 원'이라는 단위를 사용하면 1,000만 원이 되어 0이 4개나 줄어듭니다. 여기서 더 나아가 '천만 원'이라는 단위를 사용하면 1천만 원이 되어 숫자 10,000,000이 단 1로 줄어듭니다. 하지만 의미는 똑같지요. 이렇게 단위로 숫자를 줄이는 기술을 잘 활용하면 직관성이 높아져 양적 판단 속도, 즉 계산을 쉽고 빠르게 할 수 있습니다.

10,000,000원 = 1,000만 원 = 1천만 원

A　　　　　　B　　　　　C

어느 표기가 가장 눈에 빠르게 들어오나요? → C

돈 계산과 물리 법칙

　돈은 교환의 매개체로 '화폐'라는 형태로 사용합니다. 화폐의 가치는 숫자로 표기되어 있습니다. 이것이 액면가인 금액권입니다. 금액권은 여러 종류가 있으며 금액권의 숫자가 클수록 높은 교환 가치를 지닙니다.

100원권

500원권

1,000원권

5,000원권

10,000원권

50,000원권

돈의 양인 금액을 나타내려면 ①금액권 외에 ②개수라는 또 다른 숫자가 필요합니다. 예를 들어 금액 10,000원은 10,000원권 1장 또는 5,000원권 2장 또는 1,000원권 10장처럼 다른 조합으로 나타낼 수 있습니다. 이때 금액권과 개수를 곱셈 기호 '×'로 연결하면 ③금액이 결정됩니다.

$$③금액 = ①금액권 × ②개수$$

만약 금액권이 다른 화폐들로 구성되어 있다면 금액권별 금액을 구한 후 모두 더해서 총금액을 알 수 있습니다.

$$(①10,000원권 × ②1장) + (①5,000원권 × ②2장) + (①1,000원권 × ②2장)$$
$$= ③2.2만 원$$

곱셈은 덧셈을 줄여 간단하게 나타내기 위한 방법입니다. 단순히 모두 더하면 될 것을 곱셈으로 나타내는 이유는 곱셈이 비율이나 비례

$$10,000 \quad + \quad 5,000 + 5,000 \quad + \quad 1,000 + 1,000$$

$$(①10,000원권 × ②1장) + (①5,000원권 × ②2장) + (①1,000원권 × ②2장)$$
$$= ③2.2만 원$$

관계를 표현하는 데 훨씬 효율적이기 때문입니다.

물리학 법칙은 일반적으로 '③금액=①금액권×②개수'와 같은 곱셈으로 표현됩니다. 여기서 ③금액이 정해졌을 때 ①금액권과 ②개수 사이에는 중요한 관계가 있습니다. 이 관계를 조금 더 자세히 살펴보겠습니다.

10,000원권에서 5,000원권으로 금액권이 2배 줄면, 같은 금액이 되기 위한 개수는 2배가 늘어야 합니다. 마찬가지로 금액권이 1,000원으로 10배가 줄면, 개수는 10배가 늘어야 합니다. 그 반대 역시 성립합니다. 50원권 200개로 10,000원을 결제할 때 금액권을 100배 늘려

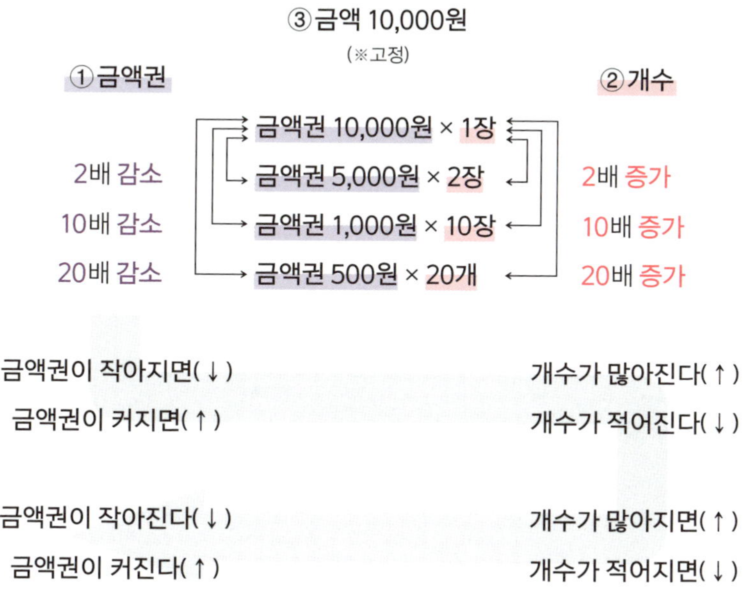

5,000원권을 사용하면 개수 역시 100배 줄어듭니다. 즉 금액이 정해진 경우 금액권과 개수는 서로 반비례하며 금액권과 개수가 늘거나 줄어들 때의 배율은 서로 같습니다.(10배 증가하면 10배 감소)

돈거래는 정해진 특정 금액을 주고받는 일입니다. 이때 금액권과 개수에 따라 계산이 쉬워지거나 복잡해지기도 합니다. 다시 말해 금액권과 개수의 조합이 거래의 단순성과 복잡성을 결정한다는 뜻입니다. 예를 들어 일반적으로 큰 금액권을 사용하면 개수가 줄어들므로 계산이 쉬워지지요.

지금까지 당연한 이야기를 마치 대단한 것처럼 이야기해 보았습니다. 이렇게 설명한 이유는 물리학 법칙의 물리량 간 논리적·수적 관계와, 일상의 돈 계산에서 금액권과 개수로 금액이 결정되는 것이 논리적

금액이 정해진 경우

① 금액권 × ② 개수

금액권 ↑ × 개수 ↓

금액권 ↓ × 개수 ↑

$\neq$

금액이 정해지지 않은 경우

금액권 ↑ × 개수 ↑ ⇒ 금액 ↑

금액권 ↓ × 개수 ↓ ⇒ 금액 ↓

으로 똑같기 때문입니다. 결국 돈 계산을 할 수 있다면 물리학 법칙을 적용하는 다양한 물리 문제도 똑같은 방식으로 쉽게 해결할 수 있습니다.

18쪽에 금액이 정해진 경우와 금액이 정해지지 않은 경우를 도식화해서 정리해 보았습니다. 이 둘의 차이를 어렵지 않게 구별할 수 있겠지요? 무엇을 원인으로 두는지에 따라 결과 해석이 완전히 달라진다는 점에 주목해야 합니다.

물리학을 어려워하는 이유는 주어진 물리적 상황의 원인을 올바르게 설정하지 못한 탓에 잘못된 결과를 도출하기 때문입니다. 즉 금액 설정 여부와 같은 단순한 사실을 제대로 구별하지 못하기 때문이죠. 18쪽의 도식을 꼭 기억해 두세요. 자세한 내용은 앞으로 계속 다루겠습니다.

금액 10,000원을 물리학적으로 표현해 보겠습니다. 지금까지의 내용을 그대로 적용하면 됩니다. 양을 나타내는 숫자가 핵심입니다.

$$10,000$$

이제 이 숫자가 금액이라는 것을 알 수 있도록 돈의 총량을 의미하는 'amount'의 앞글자 A를 따서 이름을 붙입니다. 이것이 물리량입니다. 늘 그랬듯이 이름은 가장 먼저 정하는 사람 마음입니다. 가장 먼저 정해진 이름이 널리 인정받으면 금액의 물리량은 A로 공식화됩니다.

$$A = 10,000$$

이제 규모를 확정해 볼까요? 규모는 한국 돈인 원(₩)으로 하겠습니다.

$$A = 10,000₩$$

물리학을 처음 접할 때 어렵게 느껴지는 이유는 그저 '만 원'을 표현한 것뿐인 'A＝10,000₩'와 같은 물리 언어들이 낯설기 때문입니다.

이제 금액 1만 원이 되는 다양한 경우를 분석해서 나열합니다.

$$10,000원 \quad = \quad \begin{matrix} 10,000원권×1장 \\ 5,000원권×2장 \\ 1,000원권×10장 \\ 500원권×20개 \\ 100원권×100개 \end{matrix}$$

이렇게 다양한 사례를 매번 나열하는 것은 비효율적이니 모든 경우를 아우를 수 있는 단 한 줄이 필요합니다. 이를 일반화라고 합니다. 어떠한 경우든 ③금액은 ①금액권과 ②개수의 곱으로 구성됩니다.

$$③금액 = ①금액권 × ②개수$$

금액은 앞서 약속했던 대로 A, 금액권은 M(Money), 개수는 n(number)로 나타내 봅시다.

$$A = M \times n$$

곱셈 기호 '×'는 생략할 수 있으므로 더욱 단순화할 수 있습니다.([ ] 안은 단위)

$$A = Mn[\text{₩}]$$
(금액 공식)

이렇게 금액을 구하는 공식을 완성했습니다. 일반적인 물리학 공식은 금액 공식처럼 주로 2가지 물리량을 곱셈으로 연결합니다. 분수 형태의 물리학 법칙은 어떤 물리량을 주인공으로 하는지에 따라 표현이 달라진 것뿐입니다. 예를 들어 금액권을 주인공으로 한다면 $M = \dfrac{A}{n}$, 개수를 주인공으로 하면 $n = \dfrac{A}{M}$ 이 되는 것이지요.

2장

거래의 법칙

　사람은 살아가는 데 필요한 재화를 매번 스스로 만들어낼 수 없습니다. 따라서 반드시 다른 누군가와 물건을 교환하면서 살아야 하지요. 교환하는 물건의 가치는 필요한 정도와 희소성에 의해 결정되므로 물건과 물건이 언제나 1∶1로 교환될 수는 없습니다. 이러한 이유로 물건 대신 가치를 환산해서 거래할 매개체가 필요했습니다.

　그래서 인간은 가치를 교환할 매개체로 '돈'을 만들었습니다. 돈이 가치 있는 이유는 사회적 신뢰와 합의를 바탕으로 한 교환 매개체의 표준으로 인정되기 때문입니다. 따라서 돈이 만들어진 이후 모든 물건의 가치에는 돈을 기준으로 표준화된 '가격'이 매겨집니다.

　자연에서도 이와 비슷하게 수많은 교환 거래가 이루어집니다. 물리학 분야에서 이를 자세히 들여다보면, 자연의 교환 거래 방식은 에너지와 에너지 또는 에너지와 일(work) 간의 전환이 핵심입니다. 물리학은 결국 에너지를 다루는 학문이니까요.

이때 에너지 자체의 의미도 중요하지만, 에너지를 일로 전환하는 과정과 일이 에너지로 전환되는 과정이 훨씬 더 중요합니다. 일과 에너지의 전환을 양방향으로 자유롭게 할 수 있게 되면서 인류는 번영을 이뤄냈기 때문입니다.

인간은 나무를 문지르거나 돌을 부딪쳐서 처음으로 불을 피워냈습니다. 일을 열과 빛에너지로 전환하는 방법을 터득한 것입니다.(일 → 에너지) 이후 열에너지를 이용해서 음식을 익히고, 더 나아가 열기관을 발명해 이용했습니다. 그러자 대규모 에너지 전환이 실현되어 산업 혁명이 일어났지요.(에너지 → 일)

또한 물을 끓여 증기를 만들고 이를 이용해 발전기를 돌려 전기 에너지를 생산해 내기도 합니다. 일을 통해 열이나 빛뿐만이 아니라 원하는 다른 형태의 에너지로 전환하는 방법도 알아낸 것입니다.(에너지 → 일 → 다양한 형태의 에너지)

전기 에너지는 산업 현장뿐만 아니라 가정에서도 모든 전기 기기가 일을 할 수 있게 합니다. 오늘날 전기 에너지가 없는 삶은 상상조차 할 수 없습니다. 이처럼 에너지와 일 또는 에너지와 에너지 간 거래를 일상에서 아무렇지도 않게 하고 있다는 것은 사실 경이로운 일입니다. 인간은 물건과 같이 모양과 형태를 지닌 존재는 물론, 눈에 보이지 않는 형이상학적 존재인 에너지마저도 다룰 수 있는 영역으로 끌고 들어와 거래 대상으로 만들어버렸기 때문입니다.

거래와 상호작용

　돈을 이용한 거래에 대해 잠깐 살펴보겠습니다. 거래가 성사되었다는 것은 돈의 이동(흐름)이 발생했다는 것이고, 이는 돈 이동의 출발점과 도착점이 생긴다는 것을 의미합니다. 다시 말해 거래는 최소 2명의 거래자가 존재해야 하는 행위입니다. 새삼스럽지만 거래는 결코 혼자서는 할 수 없다는 것을 꼭 기억해 둡시다.

　정리하면, 거래가 성사될 때 거래자는 최소 2명 이상이며 이들 사이에 돈의 흐름이 발생합니다. 또한 돈의 흐름에 따라 돈의 이동 방향이 결정됩니다. 이러한 거래 상황이 명확해진다면 물리학에서 말하는 '계'와 '보존 법칙'을 쉽게 이해할 수 있습니다.

　예를 들어 A와 B 둘 사이에서 단 한 번의 돈거래가 발생했다고 가정합니다. 여기에 몇 가지 단서가 주어졌을 때 이를 통해서 알 수 있는 사실들을 확인해 보겠습니다.

A의 단서

A의 총재산이 5만 원에서 3만 원이 되었다.

A의 단서로 유추할 수 있는 사실들

① A의 돈이 줄어든 것으로 보아 돈의 흐름은 A → B 방향이다.

② 이때 줄어든 금액이 2만 원이므로 A로부터 B가 받은 금액은 2만 원이다.

③ 결국 B의 총재산은 2만 원이 증가했을 것이다.

Q1: A와 B의 거래 금액은?

→ 거래를 통해 A의 재산 2만 원이 줄었으므로 거래 금액은 2만 원이다.

Q2: 거래 전 B의 재산이 6만 원이었다면 거래 후 B의 재산은?

→ B는 2만 원을 받았으므로 거래 후 총재산은 8만 원이다.

Q3: 거래 후 B의 재산이 8만 원이었다면 거래 전 B의 재산은?

→ A로부터 2만 원을 받아 B의 현재 재산이 8만 원이 되었으므로

　거래 전 B의 재산은 6만 원이다.

주체를 B로 바꿔서 같은 질문을 할 수도 있습니다. 이것이 물리학 문제의 전형적인 형태입니다. B의 변화를 이끌어낸 원인을 A를 통해 찾고, B의 변화 후 상황 또는 변화 전 상황을 묻는 것이죠. 또는 순서를 바꿔 B의 변화 후 상황이나 변화 전 상황을 물은 다음 거꾸로 원인을 묻기도 합니다.(B를 통해 A의 상황을 묻는 것도 마찬가지입니다.)

B의 단서

B의 총재산이 6만 원에서 8만 원이 되었다.

B의 단서를 통해 유추할 수 있는 사실들

① B의 돈이 늘어난 것으로 보아 돈의 흐름은 A → B 방향이다.

② 이때 늘어난 금액이 2만 원이므로 A가 B에게 준 금액은 2만 원이다.

③ 결국 A의 총재산은 2만 원이 감소했을 것이다.

Q1: A와 B의 거래 금액은?

→ 거래를 통해 B의 재산이 2만 원이 늘었으므로 거래 금액은 2만 원이다.

Q2: 거래 전 A의 재산이 5만 원이었다면 거래 후 A의 재산은?

→ A는 2만 원을 줬으므로 거래 후 총재산은 3만 원이다.

Q3: 거래 후 A의 재산이 3만 원이었다면 거래 전 A의 재산은?

→ B에게 2만 원을 준 후 3만 원이 되었기 때문에
A의 거래 전 재산은 5만 원이다.

거래의 원리와 과정만 제대로 알고 있으면 돈거래와 관련된 어떠한 질문에도 정확하게 답할 수 있습니다. 물리학 문제도 이와 같습니다. 수많은 응용 문제가 존재하는 것 같지만, 특정 상황에서 물을 수 있는 질문은 한정되어 있으며 단지 묻는 순서에 따라 문제가 다양해 보일 뿐입니다.

여러분은 앞서 돈거래에 관련된 다양한 질문에 모두 어렵지 않게 답을 했을 것입니다. 그 이유는 따로 공식을 떠올리지 않아도 돈이 오고 가는 거래의 개념을 완벽하게 이해하고 있기 때문입니다. 물리학 이론이 어떻게 돈거래에 비교할 정도로 단순할 수 있냐는 의문이 들 수 있지만, 놀랍게도 물리학 법칙은 실제로 돈거래와 다른 것이 없습니다. 물리학에서는 이러한 거래를 '상호작용'이라고 합니다.

계(system)란 무엇일까

물리학에서 계(system)란 서로 관련이 있거나 상호작용을 하는 대상의 집단을 의미합니다. 용어가 어려워 보이지만, 단순하게 '관련 있는 것들의 모임'이라고 이해해도 괜찮습니다. 27쪽 A와 B의 거래를 다시 한번 살펴보면, A와 B는 돈거래를 통해 서로 관련을 맺었습니다. 따라서 A와 B를 묶어 '돈거래 계'라고 할 수 있습니다.

계를 사용한 분석은 27~28쪽 상황의 유추 사실 ①~③ 중에서 ② 번입니다. A의 재산이 2만 원 줄어든 것은 곧 B의 재산이 2만 원 늘어났다는 것, 그리고 B의 재산이 2만 원 늘어난 것은 곧 A의 재산이 2만 원 줄었다는 것을 의미합니다. 이는 A 또는 B만을 따로 생각한 것이 아니라 A와 B를 모두 함께 고려해서 A와 B라는 계 안에서의 거래를 적용했기 때문에 얻을 수 있는 결과입니다.

그럼 계를 A로만 설정해 봅시다.(계는 기본적으로 집단이지만 단일 대상을 하나의 계로 설정할 수도 있습니다.) 돈거래를 통해 A의 재산이 5만 원에서 3만 원이 되었다는 사실로 2만 원이 A에서 이동해 나갔음을 알 수 있습니다. 계가 A뿐이기 때문에 2만 원을 다른 이에게 줬는지, 잃어버렸는지, 빼앗겼는지 알 길이 없습니다. 추가 정보를 얻지 못한다면 더 이상의 분석은 무의미합니다. 마찬가지로 계를 B로만 설정하면 B의 재산 변화를 통해 분석할 수 있는 것은 B의 재산이 6만 원에서 8만 원으로 2만 원이 늘었다는 사실뿐, 더 이상 알 수 있는 사실은 없습니다.

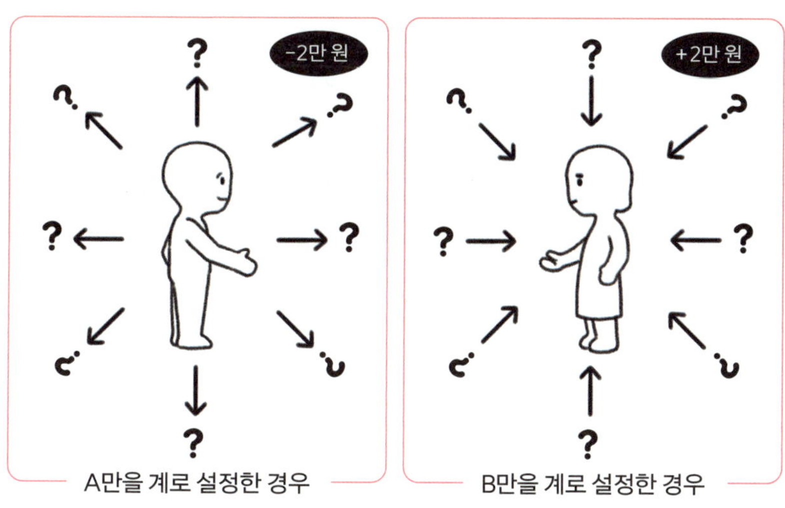

A만을 계로 설정한 경우　　　B만을 계로 설정한 경우

하지만 계를 A와 B를 묶어 설정하면 거래의 대상이 확정되면서 돈의 이동 방향이 정해집니다. 따라서 이 둘 사이의 거래를 통해 더욱 구체적이고 다양한 정보를 손쉽게 알아낼 수 있습니다.

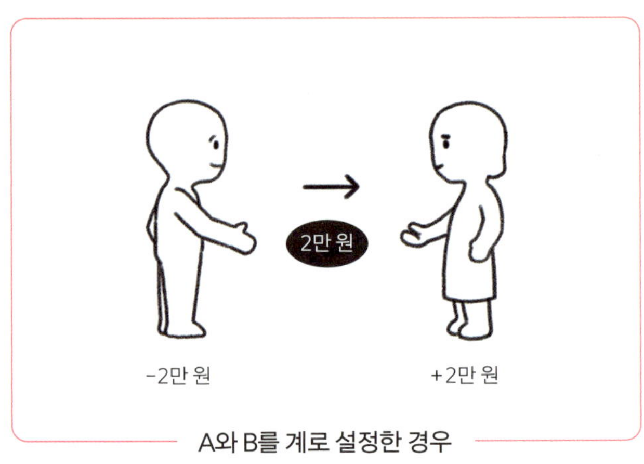

A와 B를 계로 설정한 경우

실제로 물리학에서 계라는 개념을 도입한 이유는 복잡한 상호작용의 물리적 현상을 쉽게 이해하기 위해서입니다. 명확한 경계를 설정하면 대상이 포함된 계와 외부의 계를 완전히 별개로 분리할 수 있으므로 문제가 단순해지고 해결하기 쉬운 형태가 됩니다. 물리학적으로 말하자면, 계의 설정은 내부의 상호작용과 외부의 상호작용 간 관계를 명확히 구분해 줍니다.

계라는 용어 자체가 익숙하지 않겠지만, 계를 설정하는 것은 사진에 담고 싶은 대상과 범위에 따라 카메라의 시야 범위를 축소하거나 확대해서 촬영하는 일과 같습니다. 앞서 새삼스럽지만 거래는 결코 혼자서 할 수 없다는 것을 기억하자고 했던 이유는 바로 거래 대상 전체를 파악해서 계를 설정하고 오직 이 안의 상호작용에 의한 상황들만 고려하기 위해서입니다.

계를 구성하는 주체끼리 거래(상호작용)가 발생하는 경우 거래 객체의 이동 방향이 결정됩니다. 이때 '−'는 거래 객체의 출발점을, '+'는 거래 객체의 도착점을 의미합니다.(− → +) 앞선 예에서 A의 −2만 원은 A로부터 2만 원이 출발함을 나타내고 B의 +2만 원은 B에게 2만 원이 도착했음을 나타냅니다. 결국 부호는 이동 방향, 그 뒤에 붙는 숫자는 이동하는 대상의 양을 의미합니다.

흥미로운 상황 하나를 제시해 보겠습니다. 저울 위에 밀폐된 큰 상자가 놓여 있고 그 안에 새가 앉아 있습니다. 만약 이 새가 날아올라 상자 안에 떠서 날고 있는 경우 저울의 눈금은 어떻게 변할까요?

새가 상자 안에 앉아 있다

새가 상자 안에서 날고 있다

저울이 측정하는 것은 상자, 새, 공기의 무게입니다. 공기의 무게를 간과하는 경우가 많은데 눈에 보이지 않아 놓치는 것입니다.

가장 쟁점이 될 부분은 새가 날아올라 상자와 접촉이 떨어졌을 때 저울이 새의 무게를 측정하는지입니다. 접촉 여부에 따른 힘의 관계와

새가 상자 안에 앉아 있는 경우 저울이 측정하는 무게

새가 상자 안에서 날고 있는 경우 저울이 측정하는 무게

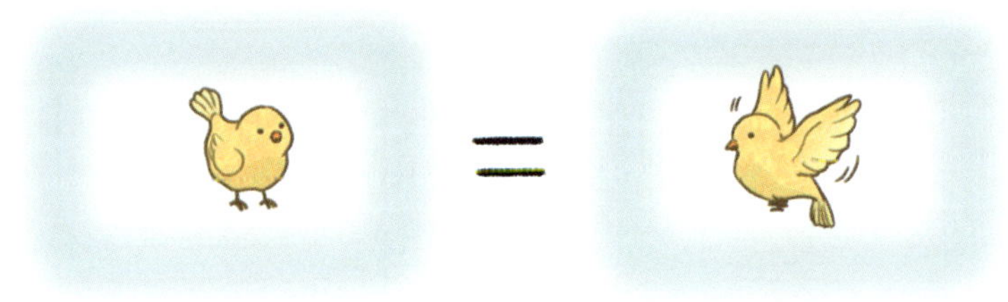

앉아 있는 새＋상자 안 공기의 계　　　　날고 있는 새＋상자 안 공기의 계

작용 – 반작용 법칙을 따져보지 않고도 이 문제를 쉽게 해결하는 방법이 있습니다. 바로 계를 이용하는 것입니다. 새와 상자 안 공기를 계로 묶어 한 물체로 생각하는 것이죠. 이렇게 보면 새가 공기 어느 부분에 있더라도 '새＋상자 안 공기'의 무게는 변하지 않습니다. 따라서 저울이 측정하는 무게는 새의 위치가 어디 있든 달라지지 않습니다.

새와 공기의 계 안에서 새의 위치에 따라 계의 무게가 변하지 않는 것이 바로 이해되지 않는다면, 눈에 보이지 않는 공기 대신 눈에 보이는 물체로 대체해서 생각해 봅시다. 어항 속 금붕어가 물속 어느 곳에 있다고 해도 물과 금붕어의 전체 무게는 변하지 않습니다. 어항 속 물과 금붕어의 양이 달라지는 것이 아니므로 이 둘의 무게는 금붕이의 위치가 어디든 같습니다. 마찬가지로 밀폐된 상자 안의 공기가 추가되거나 빠져나가지 않기 때문에 새의 위치에 따라 공기의 밀도와 분포는 달라질지언정 공기의 전체 무게는 변하지 않습니다. 결국 계를 설정한 순간 개별 물체(새, 공기)의 무게 측정 문제는 단일 물체(새+공기)의 무게 측정으로 단순화됩니다. 계를 구성하는 물질이 새로 나타나거나 사라지지 않는다면 기존 구성물의 위치 변화는 전체 무게에 아무 영향도 없죠.

이제 똑같은 질문을 해보겠습니다. 체중계에서 체중을 잴 때 양팔을 벌려 팔 위치를 바꾸거나, 한쪽 다리를 들어 체중계에서 접촉을 떨어뜨리거나, 손으로 턱을 받쳐서 머리를 들어올린다면 체중이 달라질까요? 그렇지 않겠지요.

처음 이 문제가 혼란스러웠던 이유는 상자, 새, 공기를 구분해서 각각의 개별 행위에 초점을 맞췄기 때문입니다. 물론 앞선 문제에서 상자까지 계에 포함시켜 '상자+새+공기'를 묶어도 논리는 같습니다.

이제 A와 B의 돈거래 전과 후를 계로 분석해 보겠습니다. A를 단일 계로 설정하는 경우, A는 처음 5만 원에서 거래 후 3만 원이 되었습니다. 이때 재산이 처음보다 줄어들었기 때문에 A의 재산은 '보존되지

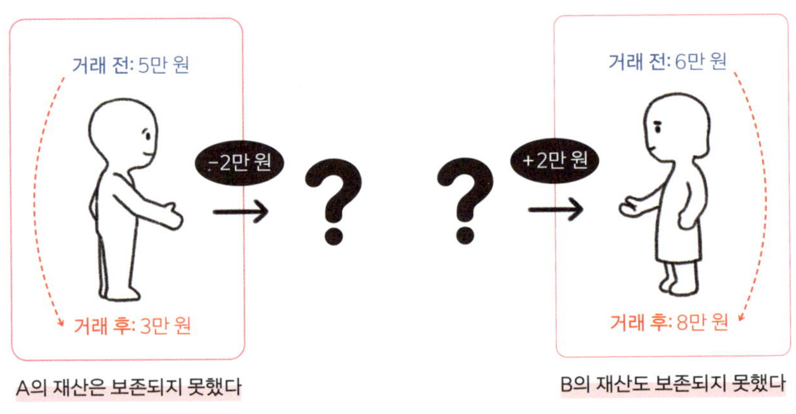

A를 단일 계로 설정한 경우   B를 단일 계로 설정한 경우

못했다'라고 합니다. 마찬가지로 B를 단일 계로 설정해도 B는 6만 원에서 거래 후 8만 원이 되었고, 재산이 늘어났지만 이 역시 보존되지 못한 것으로 봅니다. 즉 '보존'이란 어떤 경우든 처음과 끝이 달라진 것이 없을 때를 의미합니다.

그러나 A와 B를 계로 설정한 후 거래 전 총재산과 거래 후 총재산을 비교해 보면, A와 B의 거래 전 총금액은 11만 원(5만 원+6만 원), 거래 후 총금액도 11만 원(3만 원+8만 원)이 되어 거래 전과 후 총금액의 변화가 없습니다. 이러한 경우를 보존되었다고 합니다.

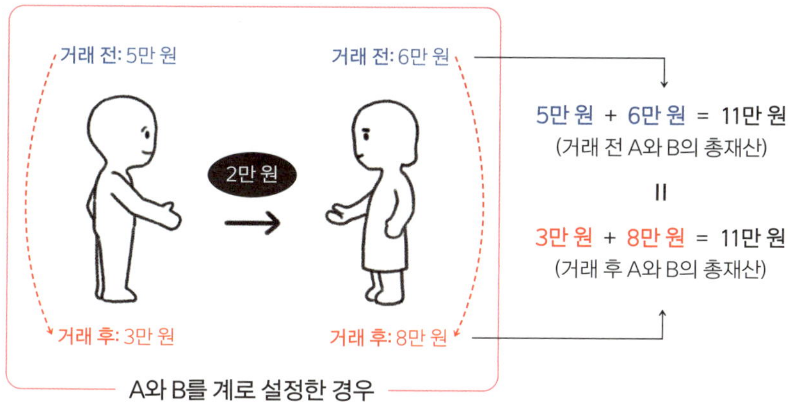

A와 B를 계로 설정한 경우

물리학에서 보존 법칙은 물리적 시스템이 변화하는 동안 특정 물리적 양이 유지된다는 것을 의미합니다. 따라서 보존 법칙이 성립하려면 계의 설정이 매우 중요합니다. 같은 물리적 상황이라도 A와 B를 계로 설정했을 때는 보존 법칙이 성립되던 것이 A 또는 B라는 단일 계로 설정한 순간 보존 법칙이 깨질 수 있기 때문입니다. 물리학에서 가장 핵심적인 보존 법칙은 '에너지 보존 법칙', '운동량 보존 법칙', '각운동량 보존 법칙'입니다.

에너지 보존 법칙	에너지는 다양한 형태로 변환될 수 있지만, 생성되거나 소멸하지 않는다. 결국 우주의 총에너지는 항상 일정하게 유지된다.
운동량 보존 법칙	외부 힘이 작용하지 않는 한 총운동량은 일정하다.(선형 운동)
각운동량 보존 법칙	회전 운동에서 외부 토크가 작용하지 않는 한 총각운동량은 일정하다.(회전 운동)

　막강한 물리학 보존 법칙도 계를 어떻게 설정하는지에 따라 보존 성립 여부가 달라지기 때문에 '보존 법칙'이라는 절대적인 문구 뒤에는 체면을 구기는 조그만 단서가 늘 붙습니다. 바로 "단,"으로 시작되는 조건들입니다. 예를 들어 에너지 보존 법칙은 외부와의 에너지 교환이 없는 폐쇄된 계를 전제로 하거나 에너지의 손실이 없음을 가정합니다. "단, 외부와의 열 출입은 없다." 또는 "마찰이나 공기 저항은 없다고 가정한다."와 같은 문장들입니다. 운동량 보존 법칙, 각운동량 보존 법칙 역시 이와 마찬가지로 설정한 계 안에서만 성립합니다.

이쯤 되면 역으로 보존 법칙이 어떻게 만들어졌는지를 쉽게 이해할 수 있습니다. 예를 들어 부모님께 용돈을 받았다고 가정해 봅시다. 나는 돈이 생겨서 좋지만, 계를 가족으로 설정하면 이 돈은 부모님으로부터 온 것이므로 부모님은 자녀에게 준 만큼 돈이 줄었습니다. 따라서 부모님으로부터 나에게로 돈이 이동했을 뿐 가족 재산의 총량은 변함이 없습니다. 결국 가족이 돈을 벌려면 가족 밖에서 가족 안으로 돈이 이동해야 합니다. 즉 가족 외부에서 돈을 벌어와야 하는 것이죠.

하지만 이때도 계를 국가로 더 넓혀 설정하면 국내에서 국민 사이에 돈이 이동했을 뿐 국가는 돈을 번 것이 아닙니다. 따라서 다른 국가와 거래를 통해 외화를 벌어들여야 돈을 벌었다고 할 수 있습니다. 하지만 이때도 지구를 계로 설정하면 국가 간 돈의 이동일 뿐입니다. 어쩔 수 없이 지구가 돈을 벌기 위해서는 외계와 돈거래를 해야 하는 상황이 펼쳐지지요.

이런 식으로 계를 확장하다 보면 끝이 없을 것 같지만, 자연에는 한계가 있습니다. 그 한계가 바로 우주입니다. 따라서 최대 크기의 자연인 우주를 계로 설정하면 우주 안에서 일어나는 모든 돈거래는 우주 내에서 이동만 하고 우주 밖으로의 출입은 있을 수 없습니다. 즉 보존되는 것입니다. 여기서 '돈'을 '에너지'로 바꾸면 이것이 곧 에너지 보존 법칙이 됩니다. 에너지 보존 법칙이 물리학의 최강 법칙인 이유는 계를 가능한 가장 큰 범위인 우주로 설정했기 때문입니다.

그렇다면 결국 '계라는 것은 무조건 넓게 잡을수록 좋은가?'라는 생각이 들 것입니다. 그에 대한 답은 기본적으로 '그렇다'입니다. 계를 넓게 잡을수록 계 안에서 벌어지는 상호작용들은 사소해지고 큰 의미가 없어집니다. 따라서 인생 역시 일희일비하며 치열하게 살아가면서도 가끔은 시야를 넓혀 세상을 넓게, 세월을 길게 보면서 일상의 스트레스들을 사소하게 생각할 필요가 있는 것이죠.

복잡한 거래 해결법

이제 좀 더 복잡한 거래 상황을 보겠습니다. A와 B 둘만의 거래가 아니라 C라는 거래 대상자가 하나 더 늘어난 경우입니다.

A의 단서 (단, 거래자끼리는 한 번씩만 거래한다.)
A의 총재산이 5만 원에서 2.5만 원이 되었다.

A의 재산이 2.5만 원 줄었습니다. 그러나 이제는 이 사실로 B의 재산이 2.5만 원 늘었다고 확신할 수 없습니다. A의 줄어든 재산 전부 혹은 일부가 C로도 이동할 수도 있기 때문입니다. 따라서 이 문제를 해결하려면 단서가 더 필요합니다.

추가 단서를 통해 B는 A로부터 2만 원을 받았음을 알 수 있습니다. 그러면 A의 5천 원은 C에게 갔다는 것도 알 수 있지요. 그 후 B는 C와 또 한 번의 거래를 했기 때문에 모든 거래가 종료된 후 B의 최종 재산은 아직 모르는 상황입니다. 또 다른 추가 단서가 필요합니다.

B는 A와 거래 후 C와도 거래를 했습니다. C는 A에게 5천 원을 받았는데 거래 후 1.5만 원이 늘었습니다. 즉 B에게 1만 원을 받았다는 것이죠. 이렇게 B와 A로부터 총 1.5만 원을 받아 5.5만 원이 되었으므로 C의 거래 전 재산은 4만 원이었음을 알 수 있습니다. 아쉽게도 A와의 거래 순서가 B와의 거래 전인지 혹은 후인지는 알 수 없습니다. 만약 이 순서에 대해 알고 싶다면 단서가 더 있어야 합니다.

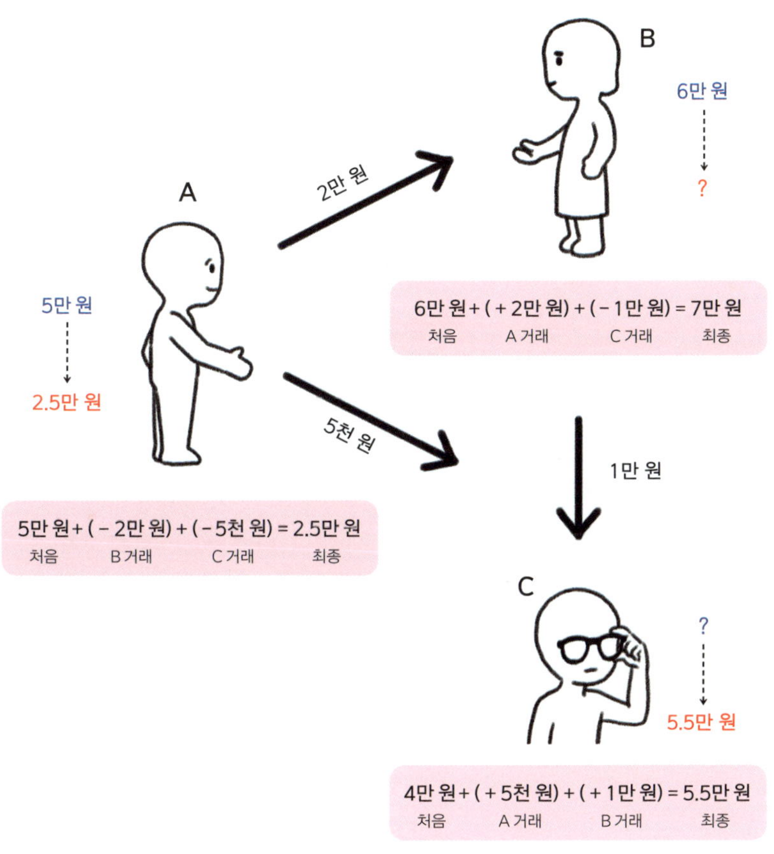

		거래 순서
A의 거래 상황	5만 원 + (−2만 원) + (−5천 원) = 2.5만 원 처음 재산 B와 거래 C와 거래 최종 재산	거래 순서 모름
B의 거래 상황	6만 원 + (+2만 원) + (−1만 원) = 7만 원 처음 재산 A와 거래 C와 거래 최종 재산	거래 순서 A, C
C의 거래 상황	4만 원 + (+5천 원) + (+1만 원) = 5.5만 원 처음 재산 A와 거래 B와 거래 최종 재산	거래 순서 모름

단지 거래 대상자를 한 명 추가했을 뿐인데 상황이 꽤나 복잡해집니다. 뿐만 아니라 거래 순서도 새로운 문제로 등장합니다. 물리학에서 문제의 난도를 올리는 방법은 새롭고 특별한 것(질)을 제시하는 것이 아니라 이 예시처럼 일반적인 상황을 여럿 모아 해결해야 할 양을 늘리는 것입니다. 거래의 본질을 변형할 수 없는 것처럼 자연의 본질은 변하지 않기 때문입니다.

어려운 문제를 해결하는 과정을 차분하게 들여다보면, 놀랍게도 어느 과정에서도 앞서 A와 B 둘만의 거래 과정을 밝혀냈던 것과 다른 특별한 방법은 사용되지 않습니다. 애초에 고난도 문제를 해결하는 새롭고 획기적인 방법은 존재하지 않기 때문입니다. 따라서 복잡한 거래라 해도 거래의 본질은 달라진 것이 없으니 해결 방법도 달라지지 않습니다.

이제 고난도 문제의 정의를 새롭게 생각할 필요가 있습니다. 고난도 문제란 특별한 풀이법이 아닌 일반적인 풀이법을 여러 번 적용해야 해서 번거롭고 시간이 많이 드는 문제일 뿐, 처음부터 복잡하고 심오한 무언가가 있는 것이 아닙니다. 물리학이 발전할 수 있었던 것은 자연의 규칙 자체가 단순하기 때문입니다. 다만 이 단순한 규칙들이 한데 섞여 있기 때문에 복잡해 보이고, 분석해 내는 데도 오랜 시간이 걸리는 것이지요.

앞서 A, B, C 세 명의 거래 상황에서 각자의 재산이 보존되었는지 살펴봅시다. 아래 표는 세로(A, B, C 각 사람별)로 해석한 것입니다.

	A	B	C
거래 전	5만 원 (처음 재산)	6만 원 (처음 재산)	4만 원 (처음 재산)
거래 중	+ −2만 원 (B와 거래) + −5천 원 (C와 거래) =	+ +2만 원 (A와 거래) + −1만 원 (C와 거래) =	+ +5천 원 (A와 거래) + +1만 원 (B와 거래) =
거래 완료	2.5만 원 (최종 재산)	7만 원 (최종 재산)	5.5만 원 (최종 재산)
거래 순서	모름	A, C	모름

　　보존 여부를 판단할 때는 과정은 고려하지 않고 오직 처음과 마지막 결과만 확인하면 됩니다. 즉, 괄호 안의 거래 과정에서 이동하는 돈은 신경 쓸 필요가 없다는 것입니다.

A : 5만 원 → 2.5만 원 (비보존)

B : 6만 원 → 7만 원 (비보존)

C : 4만 원 → 5.5만 원 (비보존)

　　그럼 A, B, C 거래자를 하나의 계로 설정한 후 계가 보존되었는지를 확인해 보겠습니다. 계의 구성 요소인 A, B, C의 처음 재산과 거래 후 최종 재산을 비교하면 됩니다. 이번엔 가로로 보겠습니다.

	A	B	C
거래 전	5만 원 (처음 재산)	6만 원 (처음 재산)	4만 원 (처음 재산)
	+	+	+
	−2만 원 (B와 거래)	+2만 원 (A와 거래)	+5천 원 (A와 거래)
거래 중	+	+	+
	−5천 원 (C와 거래)	−1만 원 (C와 거래)	+1만 원 (B와 거래)
	=	=	=
거래 완료	2.5만 원 (최종 재산)	7만 원 (최종 재산)	5.5만 원 (최종 재산)
거래 순서	모름	A, C	모름

(거래 전 → 거래 완료: 보존)

※ 보존 여부는 상호작용의 순서나 과정을 몰라도 알 수 있다.

결국 거래자 모두를 계로 묶으면 거래 전 A, B, C 재산의 합인 15만 원과 거래 후 A, B, C 최종 재산 15만 원은 보존됩니다. 따라서 계의 설정에 따라 보존 원리를 적용하는 것은 물리학 문제를 쉽게 풀 수 있는 큰 단서를 얻는 것과 같습니다.

예를 들어 A와 B의 처음 재산이 5만 원과 6만 원이라는 정보는 있지만 C의 처음 재산을 모르는 경우에는 A, B, C의 거래 후 최종 재산의 합 15만 원을 보면 실제 거래 내역을 몰라도 A, B, C의 거래 전 총합이 15만 원일 것이므로 C의 처음 재산이 4만 원임을 유추할 수 있습니다.

물리학 문제의 답은 오직 하나이지만, 답을 찾는 순서와 과정은 여러 가지가 될 수 있습니다. A, B, C 간의 거래 과정을 하나씩 따져보면서 C의 처음 재산을 유추해 낼 수도 있고, 애초부터 보존 원리를 적용해서 거래 전후 재산의 합을 보고 C의 처음 재산을 알 수도 있습니다.

물리학 문제들은 기본적으로 보존 원리가 적용되는 문제들이 출제됩니다. 이 말은 문제를 풀 수 있는 단서 하나가 기본적으로 주어진다는 뜻입니다. "단, 외부와의 열 출입은 무시한다.", "단, 공기 저항이나 마찰력은 무시한다." 같은 단서들이 바로 그 원리를 의미합니다. 물체 주변을 둘러싼 공기로의 열 이동이나 미처 인식하지 못한 다른 물체 사이의 마찰력 등을 아예 없는 것으로 간주하면서 문제를 단순화하는 것이지요.

그럼 질문을 조금 바꿔 A, B, C 세 명의 거래에서 C가 사람이 아니라 (눈에 보이지 않는) 정부의 세금이라고 해보겠습니다. 그렇다면 A는

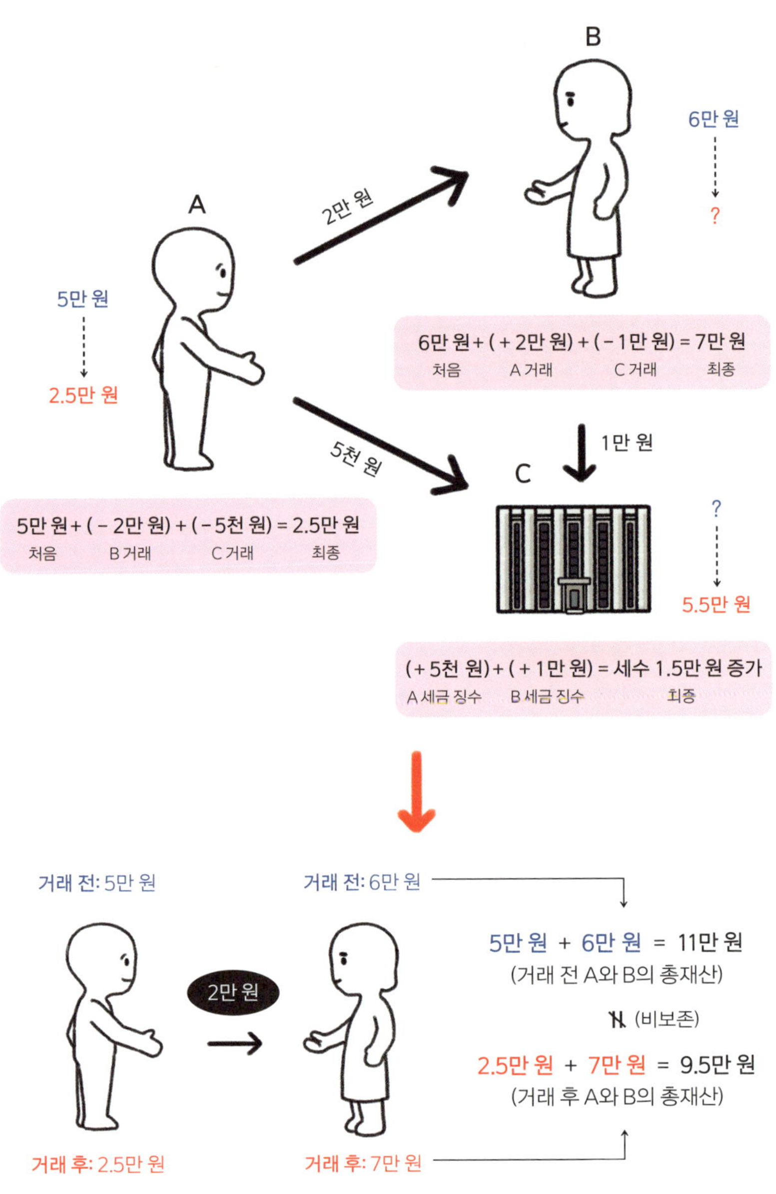

현실
(세금을 내면서 정부를 거래 대상으로 인식하지 못한 경우)

B와만 거래했을 뿐인데 추가로 정부에 5천 원의 세금을 납부한 셈입니다. B역시 A와의 거래만 했을 뿐인데 결국 정부에 1만 원의 세금을 납부했습니다.

눈에 보이지 않는 정부의 세금 때문에 A는 B에게 2만 원을 줬을 뿐인데 5만 원에서 2.5만 원이 남았고, B는 A에게 2만 원을 받았는데 6만 원에서 7만 원으로 1만 원만 재산이 늘었습니다. 따라서 거래 전 총금액 11만 원과 거래 후 총금액 9.5만 원은 같을 수 없습니다. 결국 세금이 존재하는 한 양자 간 거래는 보존 법칙이 성립하지 않습니다.

자연에서 이런 세금과 같은 역할을 하는 존재가 바로 공기 저항력과 마찰력입니다. 공기 저항력과 마찰력이 존재하는 물리계에서 눈에 보이는 상호작용 대상만을 분석하면 이와 같은 원리로 보존 법칙이 성립되지 않지요. 그래서 공기 저항력과 마찰력은 따로 '비보존력'이라고 부릅니다.

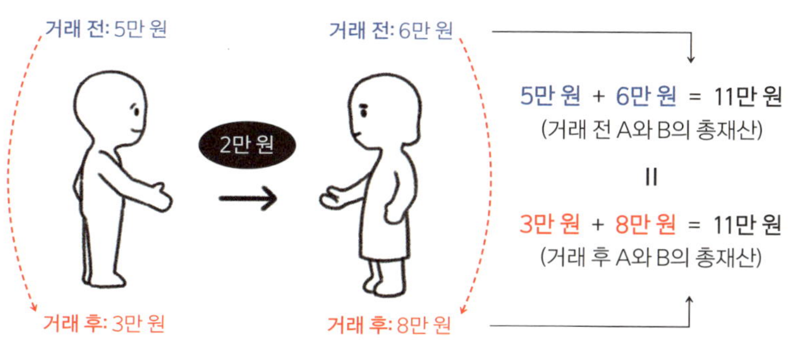

이상적 거래
(정부의 개입이 없는 면세인 상황)

앞에서 살펴봤듯이 눈에 보이지 않는 세금도 계 안에 포함하면 엄연히 거래 대상으로 볼 수 있기 때문에 이때는 보존 법칙이 성립합니다. 하지만 기초 물리학에서는 애당초 비보존력은 고려 대상이 아닙니다. 따라서 세금 자체가 없는 상황, 즉 눈에 보이는 대상만 고려하는 단순 거래로 물리적 상황을 조작한 뒤 문제가 제시됩니다.

현실에서 공기 저항력과 마찰력에 의해 거래 때마다 지불된 그 많은 세금은 결국 어디에 쓰일까요? 비보존력이 일을 해서 발생한 에너지는 최종적으로 열에너지가 되어 지구의 온도를 높입니다. 이렇게 보니 마치 국민의 혈세가 필요한 곳에 효율적으로 쓰이지 않고 낭비되는 것과 비슷해 보이네요.

3장

돈으로 이해하는
물리학 법칙들

운동량과 충격량: 재산과 거래 금액

　물체의 운동 정도를 양으로 나타낸 것을 운동량이라고 합니다. 물리학에서 물체는 좋고 나쁨(질)을 판단할 수 없는 대상이므로 물체의 구분 기준은 '양'입니다. 이를 질량(m)이라고 부릅니다. 또한 물체의 운동을 나타내기에 가장 적합한 물리량은 빠르기를 의미하는 속도(v)입니다. 이제 이 둘을 조합하면 물체의 운동량이 완성됩니다.

　운동하는 물체에 힘을 가하면 운동 정도를 변화시킬 수 있습니다. 그런데 이때 물체에 가하는 힘의 크기뿐만 아니라 힘을 얼마나 오래 가했는지, 즉 지속 시간 역시 중요합니다. 따라서 물체에 가한 힘과 힘을 가한 시간을 양적으로 조합하면 물체에 가한 충격의 총량이 됩니다.(물체 입장에서는 힘을 받은 총량) 이를 충격량(I)이라고 합니다.

③ 충격의 양(충격량)

$$I = Ft$$

① 어느 정도의 힘을 ② 얼마 동안 가했나?(받았나?)

물체의 운동은 충격을 받은 양만큼 변합니다. 이를 운동량 – 충격량 정리라고 합니다.

① 처음에 이만큼 운동하고 있었는데 ② 충격을 받은 만큼 달라져서

$$mv \pm Ft = mv'$$

③ 현재는 이만큼 운동하고 있다

(v: 처음 속도, v': 나중 속도)

예를 들어 30만큼 운동(량)하는 물체에 같은 방향으로 20의 충격(량)을 가하면 물체의 운동의 양은 50이 된다는 것입니다. 그리고 같은 상황에서 반대로 물체에 20만큼의 충격(량)을 가해 운동을 방해하면 물체의 운동의 양은 10이 된다는 단순한 논리입니다.

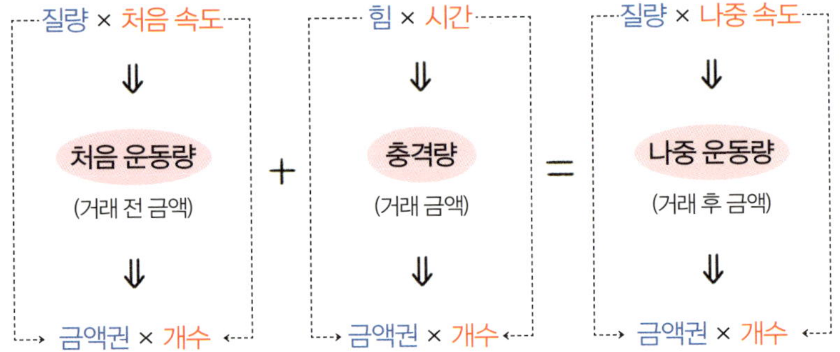

운동량과 충격량의 원인이 서로 다른데도 자유롭게 더하거나 뺄 수 있는 이유는 두 물리량이 동일한 차원(dimension)이기 때문입니다. 운동량의 구성 요소인 질량과 속도는 각각 앞서 비유했던 금액권과 개수에 해당하며, 충격량의 구성 요소인 힘과 시간 역시 금액권과 개수에 해당합니다. 즉 운동량과 충격량은 모두 금액에 해당하기 때문에 합산이 가능하죠.

운동량 – 충격량 정리 순서를 바꿔 충격량을 먼저 쓰면 '충격량은 운동량의 변화량'이 됩니다. 말만 들으면 어렵게 느껴질 수 있으나 사실 똑같은 말입니다.

$$Ft = mv' - mv$$

앞의 예를 그대로 적용해 보면, 물체는 충격을 받기 전 10만큼 운동하다 충격(량)을 받은 후 30만큼 운동합니다. 둘의 차이만큼이 바로 충격받은 양이 됩니다.

② 충격을 20만큼 받았기 때문

$$10 \rightarrow 30 \Rightarrow 20 = 30 - 10$$

① 운동이 이렇게 변한 이유는 　　　주인공을 충격량으로 표현

이 과정을 돈으로 비유하면 물체의 운동량은 물체가 가진 재산, 물체가 받은 충격량은 거래 금액이 됩니다.

운동량 – 충격량 정리

① 처음 재산에　　　② 거래로 받은 금액을 합치면

$$10 + 20 = 30$$

③ 현재 재산이 된다

충격량은 운동량의 변화량

① 거래 금액은

$$20 = 30 - 10$$

② 거래 전·후 재산 차이만큼

운동량 보존 법칙: 돈거래 모형(1)

운동량 보존 법칙은 주로 물체가 충돌하는 상황으로 제시되며, 충돌 전 물체의 운동량 총합과 충돌 후 물체의 운동량 총합은 같다는 법칙입니다.

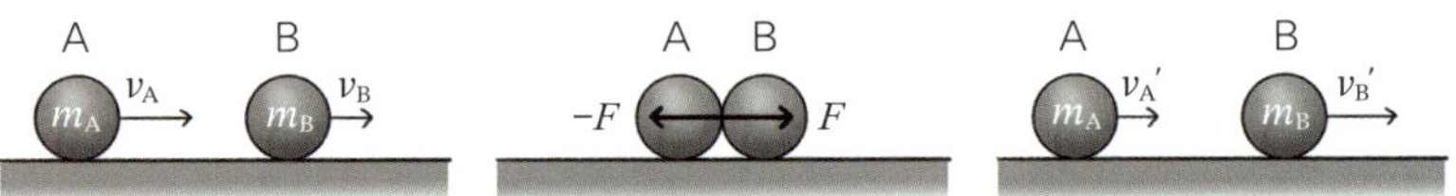

운동량 보존 법칙

$$m_A v_A + m_B v_B = m_A v_A{}' + m_B v_B{}'$$

운동량 보존 법칙은 어떻게 만들어졌을까요? 운동량 보존 법칙은 개별 물체의 운동량 – 충격량 정리를 하나로 합친 것으로, 충돌 시 서로 주고받은 충격량이 같다는 것이 출발점입니다.

A와 B가 충돌하는 순간 A는 자신의 앞길을 막는 B에게 비키라며 미는 힘($+F\rightarrow$)을 가하고, B는 A에게 밀지 말라며 막는 힘($\leftarrow -F$)을 가합니다. 이때 서로에게 가하는 힘의 방향은 반대이지만 크기는 같습니다. 이것이 뉴턴의 운동 제3법칙인 작용 – 반작용 법칙입니다.

또한 두 물체가 충돌해서 접촉이 일어난 후 다시 떨어지기까지의 힘을 주고받은 시간(t) 역시 똑같습니다. A와 충돌한 후 B가 A에서 떨어졌는데, B 입장에서는 아직 A와 접촉하고 있다는 상황은 일어날 수 없는 명백한 모순이지요. 따라서 둘의 접촉 시간은 언제나 같을 수밖에 없습니다.

결국 물체가 충돌할 때 서로에게 작용하는 힘(F)의 크기뿐만 아니라 힘을 가하는 시간(t)도 같으므로 이 둘의 조합인 서로 주고받는 충격량(Ft)도 똑같습니다. 단지 충격을 가하는 방향만 다를 뿐입니다.

충돌 전후 A와 B의 운동량 – 충격량을 도식으로 정리해 보겠습니다.

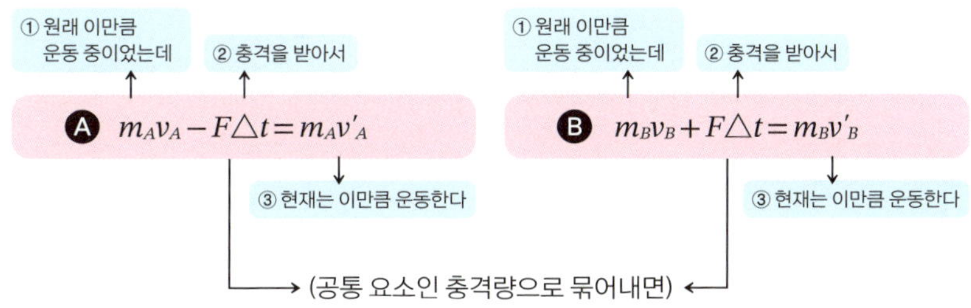

$$m_A v_A - m_A v_A' = F \triangle t = m_B v_B' - m_B v_B$$

$$\downarrow$$

$$\therefore \; m_A v_A + m_B v_B = m_A v_A' + m_B v_B'$$

(운동량 보존 법칙 완성)

갑자기 어려워졌다면, 이전처럼 운동량 보존 법칙을 돈거래에 비유해 식의 의미를 되짚어 봅시다.

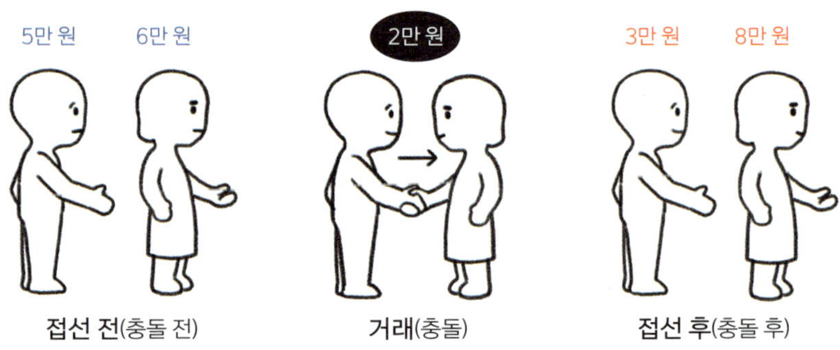

돈거래를 위해 접선(충돌)이 일어나면 거래가 성사됩니다. 세금이 없는 단둘만의 거래라면 A와 B가 주고받은 거래 금액(2만 원)은 똑같을 수밖에 없습니다. 따라서 A가 B에게 2만 원을 줬다면, 반드시 B는 한 푼의 오차도 없이 2만 원을 받은 것입니다. 처음 5만 원(처음 운동량)을 가진 A는 2만 원(충격량)을 B와 거래하고 나면 3만 원(나중 운동량)

이 남습니다. 마찬가지로 6만 원(처음 운동량)을 가진 B는 A와 2만 원(충격량) 거래 후 8만 원(나중 운동량)을 갖게 됩니다.

이 과정을 운동량-충격량 정리로 나타내 보겠습니다. 운동량-충격량 정리로 각 거래자의 입장에서 거래 전후 상황을 나타낼 수 있습니다.

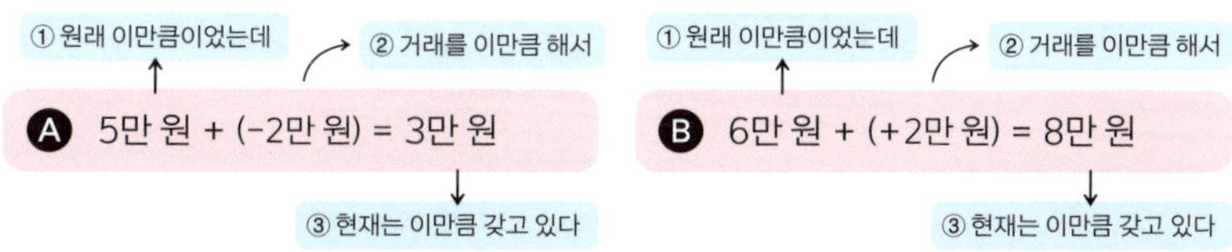

이제 두 거래자의 공통 요소인 거래 금액으로 운동량-충격량 정리를 변형합니다. 이것이 충격량을 주인공으로 한 '충격량은 운동량의 변화량'입니다.

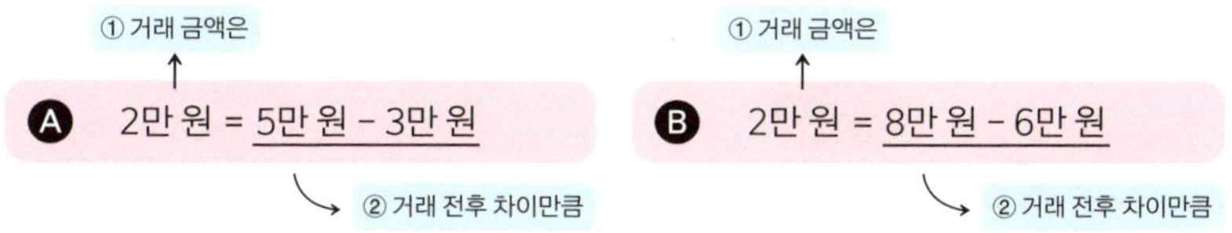

두 거래자의 공통 요소인 거래 금액으로 둘의 운동량 변화량을 묶습니다.

$$5\text{만 원} - 3\text{만 원} = 2\text{만 원} = 8\text{만 원} - 6\text{만 원}$$

A   ↓   B

$$5\text{만 원} - 3\text{만 원} = 8\text{만 원} - 6\text{만 원}$$

이제 거래자로 구분된 재산을 거래 전과 후로 분할합니다. 좌변의 −3만 원과 우변의 −6만 원을 서로 반대편으로 넘기면 됩니다.

$$5\text{만 원} + 6\text{만 원} = 3\text{만 원} + 8\text{만 원}$$

$$m_A v_A + m_B v_B = m_A v_A{}' + m_B v_B{}'$$

드디어 뉴턴 역학에서 중요하게 다루는 운동량 보존 법칙을 유도했습니다. 운동량 보존 법칙은 거래자별 상황이 아니라 모든 거래자를

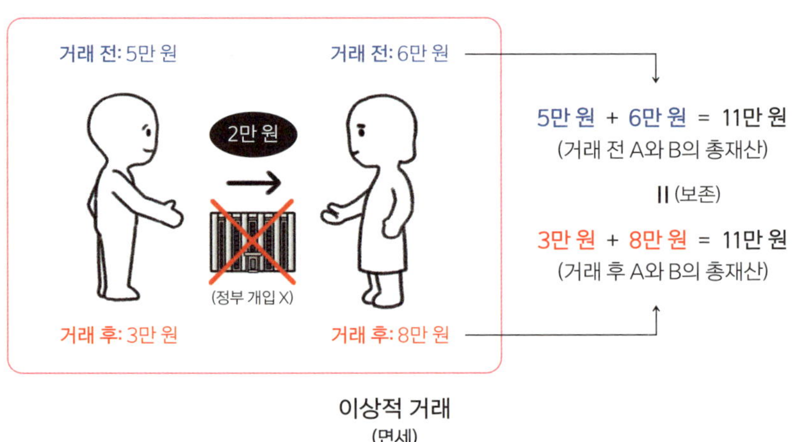

이상적 거래
(면세)

계로 설정하고 거래 전후 사건 중심으로 재구성해서 만들어낸 법칙입니다.

물리학에서 운동량 보존 법칙은 "고립된 계에서 외부의 힘이 없을 때, 계의 총운동량은 변하지 않는다."라는 문장으로 정의됩니다. 이 문장만 보고는 이해하기가 너무 어렵지 않나요? 이제 운동량 보존 법칙을 이해하기 쉽게 바꿔 쓸 수 있습니다.

운동량 보존 법칙 → 돈거래 보존의 법칙

고립된 계에서 외부의 힘이 없을 때

→ 세금 및 다른 이의 개입이 없는 둘만의 거래에서

계의 총 운동량은 변하지 않는다.

→ 거래 전후 둘의 전체 재산의 합은 변하지 않는다.

그 이유는 한 명의 재산이 줄어든 만큼 다른 한 명의 재산이 그대로 늘어나기 때문이다.

물론 고립된 계의 상호작용 대상이 꼭 둘일 필요는 없습니다. 만약 거래 대상을 100명으로 한정한다면 정확히 100명 사이에서의 거래 관계가 보존됩니다. 고립된 100명 이외에 다른 거래 대상이 나타나거나 사라지지만 않으면 됩니다.

운동량 보존 법칙: 돈거래 모형(2)

운동량 보존 법칙을 거래 모형으로 적용할 때 운동량(mv)과 충격량(Ft)을 한 덩어리로 취급해서 금액으로 비유해 나타냈습니다. 이제 질량과 속도, 힘과 시간을 나눠 세분화해서 적용할 차례입니다.

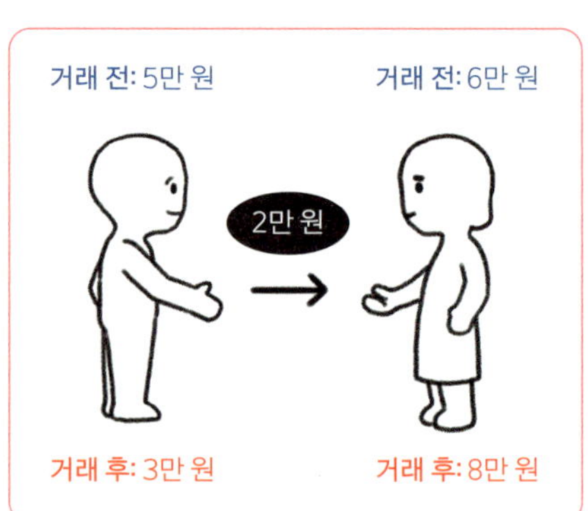

운동량 보존 법칙

5만 원 + 6만 원 = 3만 원 + 8만 원
$$(m_A v_A + m_B v_B = m_A v_A' + m_B v_B')$$
충돌 전 계의 운동량의 합 = 충돌 후 계의 운동량의 합

앞서 밝힌 대로 질량(m)과 힘(F)을 금액권, 속도(v)와 시간(t)을 개수로 취급하면 다양한 충돌 문제를 돈거래라는 개념으로 특별한 계산 없이 머릿속 암산으로만 해결할 수 있습니다.

운동량이 10kg·m/s인 물체가 있을 때 물체의 질량이 1kg이라면 물체의 속도는 10m/s입니다. 만약 속도가 2m/s라면 질량은 5kg입니다. 이를 돈에 적용하면, 10만 원을 1만 원권으로 갖고 있다면 10장이 되고, 지폐를 2장 갖고 있다면 금액권은 5만 원이 되는 것과 같습니다.

결국 충돌 상황에서 충돌 전후의 운동량을 묻는 것은 거래 전후의 재산을 묻는 것과 같고, 충격량을 묻는 것은 거래 금액을 묻는 것과 같습니다. 더 세부적으로 들어가면 물체의 질량을 묻는 문제는 금액권을, 물체의 속도는 돈의 개수를 묻는 것으로 이해할 수 있습니다. 다음 연습 문제들을 풀어보면서 실제 문제에서는 어떻게 적용할 수 있는지 알아봅시다.

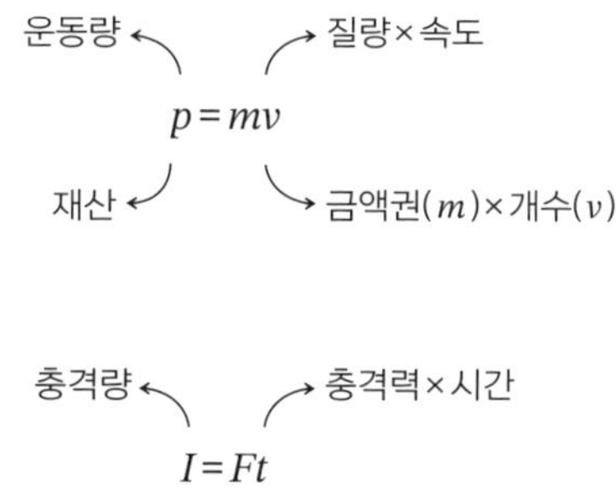

문제 1

질량이 1kg인 물체 A가 10m/s의 속도로 운동하다가, 정지해 있는 질량 3kg의 물체 B와 충돌한 후 반대 방향으로 2m/s의 속도로 튕겨 나왔다. 이때 A가 받은 충격량과 충돌 후 B의 속도를 구하시오.(단, 공기 저항 및 수평면의 마찰은 무시한다.)

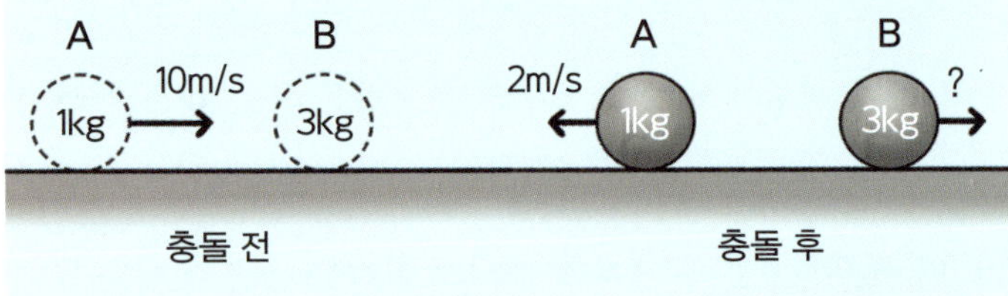

이 문제를 운동량 보존 법칙의 공식에 대입해서 풀면 다음과 같습니다.

① $m_A v_A + m_B v_B = m_A v_A' + m_B v_B' \rightarrow 1 \times 10 + 3 \times 0 = 1 \times (-2) + 3 \times v_B'$

$\therefore v_B' = 4\text{m/s}$

A의 나중 속도를 적용할 때 '−2'로 '−'부호를 대입한 이유는 처음 운동 방향(+10)과 반대 방향으로 운동하기 때문입니다.

② A가 받은 충격량은 운동량의 변화량으로 구할 수 있다.

$\rightarrow F \triangle t = m_A v_A' - m_A v_A = 1 \times (-2) - 1 \times 10$

$\therefore F \triangle t = -12\text{N} \cdot \text{s}$

(− 는 A의 처음 운동 방향과 반대 방향으로 충격을 받았음을 의미)

이제 돈거래 비유를 떠올리며 머릿속으로 계산해 봅시다.

A는 10만 원(1만 원권×10장)의 재산을 갖고 B와 거래를 했습니다. 거래 후 A는 −2만 원의 빚을 졌습니다.(−1만 원권×2장) A는 10만 원을 다 쓰고 추가로 2만 원을 더 써 총 12만 원을 B와 거래한 것이죠. B는 무일푼에서 A로부터 12만 원을 받았으므로 B의 최종 재산은 12만 원입니다. 이때 B가 가진 금액권은 3만 원권이므로 개수는 4개가 되어 B의 속도는 4m/s가 됩니다.

A가 받은 충격량은 거래 금액에 해당하며 B가 받은 충격량과 같다.
→12N·s
B의 속도는 개수에 해당한다. →4m/s

돈거래 비유가 공식보다 번거롭고 내용이 많아 보이는 이유는 머릿속 사고 과정을 모두 글로 옮겨 서술했기 때문입니다. 이 문제의 풀이를 돈에 비유해서 정리해 보겠습니다.

①번 답: A는 B에게 12만 원을 줬으니 B는 12만 원을 받았다.
②번 답: B는 12만 원을 3만 원권으로 가지고 있으므로 개수는 4장이다.

질량이 3kg인 물체 A와 2kg인 물체 B가 일정한 속도로 운동하고 있다. B가 1m/s로 운동 중일 때, A는 B보다 6배 빠른 속도로 달려와 B와 충돌했다. 충돌 후 B의 속도가 7m/s가 되었다면 충돌 후 A의 속도는 얼마인가?(단, 공기 저항 및 수평면의 마찰은 무시한다.)

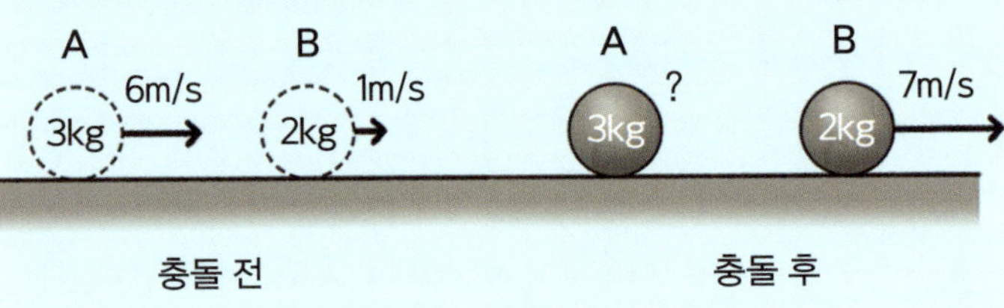

B는 A와 거래 후 재산이 2만 원에서 14만 원이 되었습니다. 즉 A로부터 12만 원을 받은 것입니다. 18만 원을 갖고 있던 A는 B에게 12만 원을 줬으므로 6만 원이 남습니다.(3만 원권×2장)→2m/s

B 거래 전:2만 원권×1장 거래 후:2만 원권×7장	B : 2만 원→14만 원 ⇒ 거래 금액 12만 원
A 거래 전:3만 원권×6장 거래:−12만 원 거래 후:6만 원(3만 원권×?장)	A : 18만 원−12만 원=6만 원 ∴ 2m/s

질량이 2kg인 물체 A가 3m/s로 운동하다가 정지해 있던 물체 B와 충돌해 두 물체가 1m/s의 속도로 함께 움직였다. 이때 물체 B의 질량은 얼마인가? (단, 공기 저항 및 수평면의 마찰은 무시한다.)

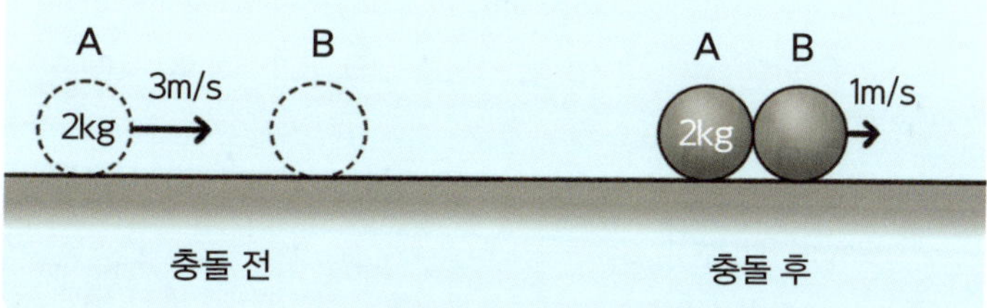

6만 원이던 A의 재산은 B와 거래 후 2만 원이 되었습니다. 즉, 무일푼인 B는 A에게 4만 원을 받아 재산이 4만 원이 되었습니다. 이때 개수는 1장이므로 금액권은 4만 원권입니다. → 4kg

| A | 거래 전: 2만 원권×3장
거래 후: 2만 원권×1장 |

A : 6만 원 → 2만 원

⇒ 거래 금액 4만 원

| B | 거래 전: ?만 원권×0장
거래: +4만 원
거래 후: 4만 원(?만 원권×1장) |

B : 0원 + 4만 원 = 4만 원

∴ 4kg

질량이 3kg인 물체 A와 질량이 2kg인 물체 B가 각각 2m/s와 3m/s의 속도로 서로 반대 방향으로 운동하다가 충돌했다. 충돌 후 물체 A는 처음 운동 방향과 반대 방향으로, 충돌 전과 같은 2m/s로 운동했다. 이때 충돌 중 A가 B에 가한 힘이 120N이었다면, 두 물체의 접촉 시간과 충돌 후 물체 B의 속도를 구하시오.(단, 공기 저항 및 수평면에서의 마찰은 무시한다.)

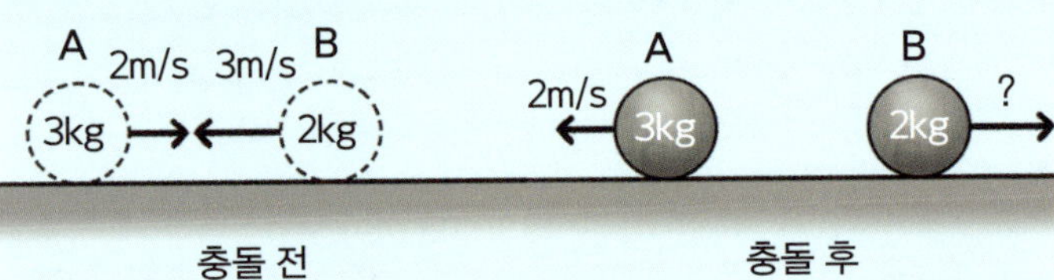

※ 충격량(충격력×시간)은 거래 금액 개념으로 역시 돈으로 적용하면 됩니다. 충격력 120N은 120만 원권을 의미합니다.

A는 B와의 거래에서 자신의 6만 원을 모두 건네 재산이 0이 되고, 추가로 -6만 원 빚을 지었습니다. 결국 B에게 건넨 금액은 총 12만 원입니다. 거래 금액 12만 원은 120만 원권으로 0.1장입니다. B는 12만 원을 받아 빚을 상환하고 최종적으로 6만 원을 갖게 되었습니다.

(120만 원권×0.1장)

A: 6만 원 → -6만 원 ⇒ 거래 금액 12만 원

※오른쪽 운동 방향을 +로 설정하면 왼쪽 운동 방향은 -가 된다.

∴접촉 시간: 0.1초

(2만 원권×3장)

B: -6만 원 + 12만 원 = +6만 원

B의 속도: +3m/s(오른쪽으로 3m/s)

만약 이 문제에서 충격력 대신 충돌 시간이 주어졌다면 돈의 개수가 주어진 것으로, 금액권(충격력)을 묻는 문제가 됩니다. (접촉 시간이 0.1초일 때 물체가 서로 가한 충격력→120N)

이번에는 세 물체의 다중 충돌 상황이 펼쳐지는 복잡한 문제를 살펴보겠습니다.

그림 (가)는 마찰이 없는 수평면에서 A가 정지해 있는 B, C를 향해 속도 $4v$로 운동하는 상황을 나타낸 것이다. A는 B와 충돌 후 같은 방향으로 속도 $2v$로 운동한다. 그림 (나)는 B의 속도를 시간에 따라 나타낸 것이다. B의 질량, 충돌 후 A, B, C가 받은 충격량, 그리고 A, B, C의 충돌 후 속도를 구하시오. (단, A, C의 질량은 각각 $4m$, $5m$이다.)

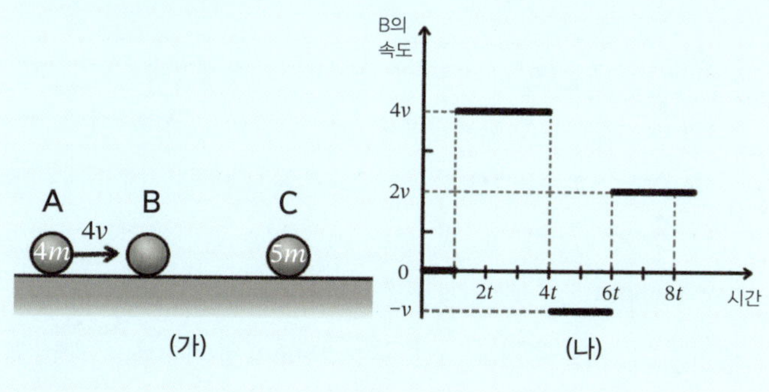

이런 문제는 공식으로 풀려고 하면 매우 복잡해집니다. 따라서 돈거래 개념을 통해 문제를 해결해 보겠습니다.

B의 속도는 $0 \to 4v \to -v \to 2v$로 변합니다. 이는 충돌 때문으로 B는 총 3번 충돌합니다.

① $0 \to 4v$(뒤에서 들이받는 A와 충돌: B는 빨라짐)
② $4v \to -v$(앞을 가로막는 C와 충돌: B는 느려지며 뒤로 감)
③ $-v \to 2v$(뒤에서 들이받는 A와 또 한 번 충돌: B는 빨라지며 앞으로 감)

이제 3번의 충돌을 거래로 전환해 봅시다.

① $0 \to 4v$: A는 처음 16만 원($4m \times 4v$)을 가지고 B와 거래해 8만 원($4m \times 2v$)이 되었습니다. 즉 B에게 8만 원을 준 것입니다. 무일푼이던 B는 8만 원이 생겼는데 돈의 개수가 4장($4v$)이므로 금액권은 2만 원권($2m$)임을 알 수 있습니다.
→ A와 B가 받은 충격량(거래 금액) $8mv$, B의 질량(금액권) $2m$

② $4v \to -v$: 8만 원($2m \times 4v$)을 가진 B는 C와 충돌해 -2만 원의 빚($2m \times -v$)을 지게 되었습니다. 이는 C에게 8만 원을 주면서 무일푼이 되고, 추가로 2만 원을 더 주어 총 10만 원을 줬기 때문입니다. 무일푼이었던 C는 B로부터 10만 원을 받는데, C의 금액권이 5만 원권이므로 개수는 2장입니다.($5m \times 2v$)
→ B와 C가 받은 충격량(거래 금액) $10mv$, C의 최종 속도(개수) $2v$

③ $-v \to 2v$: -2만 원($2m \times -v$)을 빚진 B는 A와 또 한 번의 거래를 한 후 4만 원($2m \times 2v$)을 갖게 되었습니다. 즉 A와의 거래를 통해

2만 원 빚을 상환한 후 4만 원이 더 생겼으므로 A로부터 받은 돈은 총 6만 원($2m \times 3v$)입니다.

→ A와 B가 받은 충격량(거래 금액) $6mv$

마지막으로 A는 B와 첫 거래 후 8만 원을 갖고 있다가 B와 또 한 번의 거래 후 6만 원을 잃었으므로 최종적으로 남은 돈은 2만 원($4m \times 0.5v$)이므로 4만 원권으로 0.5장을 갖게 됩니다.

→ A의 최종 속도(개수) $0.5v$

평균:
새 금액권 발행하기

학교 시험에서 아래와 같은 과목별 점수를 얻었다고 가정해 보겠습니다.

과목	국어	영어	수학	사회	과학
점수	60	70	80	90	100

누가 시키지 않아도 본능적으로 평균 점수를 구하고 싶은 생각이 듭니다. 그 이유는 대표 성적을 뽑아 시험 결과를 단번에 이해하고 싶기 때문입니다. 평균을 구하는 방법은 모든 값을 더해 큰 하나의 덩어리로 만든 후 개수로 나눠 각각의 값을 모두 똑같이 만드는 것입니다.

$$평균\ 점수 : \frac{60 + 70 + 80 + 90 + 100}{5} = 80점$$

여기서 평균을 구하기 위해 총점을 구하는 과정을 살펴봅시다.

총점을 구하는 과정 : 60＋70＋80＋90＋100＝400

이렇게 총점을 매번 더해서 계산하는 것은 여간 귀찮은 일이 아닐 수 없습니다. 지금은 5번만 더하면 되기 때문에 간단하다고 생각할 수 있지만, 데이터의 개수가 많은 경우 총점 계산은 더 이상 쉬운 일이 아닙니다. 따라서 총점을 쉽고 간단하게 구할 수 있는 방법은 바로 평균을 역이용하는 것입니다.

$$\frac{400점}{5과목} = 80점 / 과목 \rightarrow 80점 \times 5과목 = 400점$$

평균값에 단순히 개수만 곱하면 총점을 쉽게 구할 수 있습니다. 본질은 덧셈을 곱셈으로 바꾸는 것입니다.

① 실제 총점 계산법	② 평균을 이용한 총점 계산법
60 + 70 + 80 + 90 + 100 = 400	80 × 5 = 400

②처럼 곱셈을 이용하면 ①의 덧셈보다 빠르고 간단하게 총점(합)을 계산할 수 있습니다. 따라서 평균을 이용하면 긴 덧셈 과정을 단 두

숫자로 계산할 수 있습니다. 이제 남은 문제는 평균을 구하는 방법입니다.

평균을 구하려면 총합을 구한 후 개수로 나눠야 하므로 총합을 모르면 평균을 구할 수 없습니다. 따라서 총합을 구하기 위해 평균을 이용한다는 것 자체가 모순이 됩니다. 그러나 총합 없이도 평균을 구할 수 있다면 상황은 달라지겠지요.

실제로 모든 값을 더하지 않고도 평균을 구할 수 있는 획기적인 방법이 있습니다. 이 방법은 평균을 만드는 과정에서 찾을 수 있습니다. 평균의 개념은 평균값을 기준으로 평균값보다 큰 값을 잘라낸 다음 평균보다 작은 값에 보태 모든 값을 다 똑같게 만드는 것입니다. 마치 평평한 지면을 만들기 위해 튀어나온 부분의 흙을 퍼서 움푹 들어간 곳에 넣어 메우는 평탄화 작업과 비슷합니다.

여기서는 총 두 곳에서 평탄화 작업을 진행합니다.

① 100점에서 20점을 퍼내 60점을 메워서 둘 다 80점으로 만들기

② 90점에서 10점을 퍼내 70점을 메워서 둘 다 80점으로 만들기

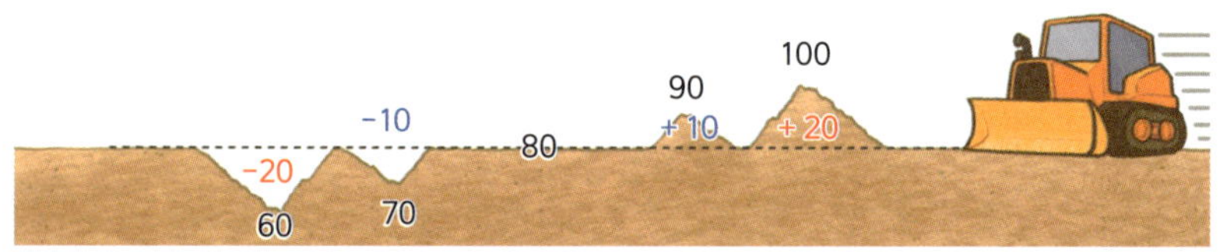

시험 점수의 평탄화 과정

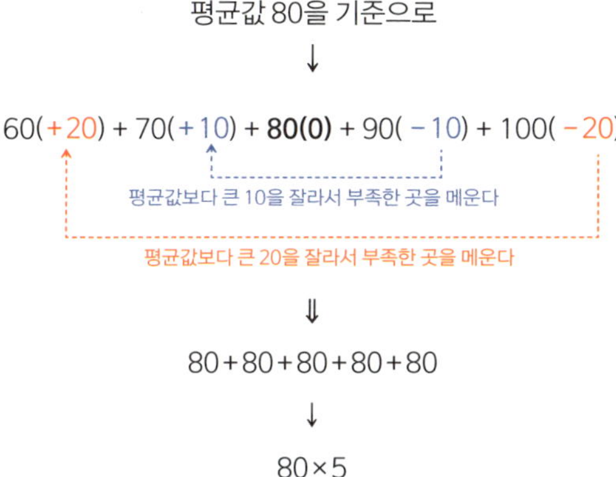

현재 목적은 평탄화 자체가 아닌 평탄화를 했을 때의 값(평균)을 알아내는 것입니다. 따라서 ①과 ② 중 하나만 해도 됩니다. 반복 횟수를 줄이는 것이죠. 그렇다면 ①과 ② 중에서 어느 것을 선택하는 것이 효율적일까요?

정답은 ①입니다. ②처럼 중간에 애매하게 껴 있는 값보다 시작과 끝처럼 양극단 부분을 공략하는 것이 편리합니다. 이제 평균을 내고자 하는 처음(가장 작은 값)과 끝(가장 큰 값), 이렇게 2개의 자료만 있다면 데이터양에 관계없이 단 한 번의 계산으로 평균값을 구할 수 있습니다.

평균을 모를 때는 평균에서 얼마가 부족하고 남는지를 알 수 없습니다. 따라서 앞에서처럼 평탄화로 메우는 방법을 쓸 수 없기 때문에 양극단의 값을 모두 더해 하나의 큰 덩어리로 만든 후, 무조건 반으로 잘라 둘로 나누면 각각의 값이 평균값이 됩니다.

$$60 + 100 \quad \rightarrow \quad \frac{60 + 100}{2} \quad \rightarrow \quad 80$$

1단계 : 양적으로 합친다.　　　2단계 : 반으로 잘라낸다.　　　평균 완성!
(처음＋최종)

$$\therefore \ \text{평균값} = \frac{\text{처음 값(가장 작은 값)} + \text{나중 값(가장 큰 값)}}{2}$$

평균은 물리학을 공부할 때 반드시 알아야 할 필수적인 수학 기술입니다. 물리학 공식 중 $\frac{1}{2}$이 들어간 것은 모두 평균의 흔적이라고 생각하면 됩니다. 이제 평균값을 금액권, 개수를 그대로 개수로 생각하면 평균값×개수는 총합, 즉 금액이 됩니다.

$$\text{총합} = \text{평균값} \times \text{개수}$$

(금액＝새 금액권×개수)

다른 금액권들이 섞여 있는 경우 금액권별로 금액을 따로 구하고 이들을 모두 더해야만 총합을 구할 수 있었습니다. 그러나 평균을 이용하면 여러 금액권을 대표하는 새 금액권을 만들 수 있으므로 여기에 개수만 곱하면 덧셈 없는 금액 식을 만들 수 있습니다.

결국 평균은 다양한 값들이 있을 때 해당 집단의 대푯값을 뽑아 이

$$10{,}000원권 \times 1장 + 5{,}000원권 \times 2장 + 1{,}000원권 \times 2장 = 2.2만\ 원$$

$$\downarrow$$

$$10{,}000 + 5{,}000 + 5{,}000 + 1{,}000 + 1{,}000 = 22{,}000$$

$$\downarrow$$

$$\frac{10{,}000 + 5{,}000 + 5{,}000 + 1{,}000 + 1{,}000}{5} \times 5 = 22{,}000$$

$$2.2만\ 원 = 4{,}400원권 \times 5장$$

(※금액 = 새 금액권 × 개수 형식으로 단순화 완료!)

를 이용해 곱셈 형식으로 바꾸는 데 사용되는 도구입니다. 여기서 주의할 사항이 있습니다. 앞서 설명한 평균을 쉽게 구하는 방법은 10씩 점수 차이가 있는 시험 점수처럼 값들 사이에 규칙이 있거나 예측 가능성이 있을 때만 사용 가능한 방법이라는 것입니다.

따라서 위 예시처럼 금액 간의 규칙이 없는 경우에는 가장 작은 금액(1,000)과 가장 큰 금액(10,000)을 더해 2로 나누면 5,500원으로 평균이 잘못 계산됩니다. 이렇다 보니 처음과 나중을 더해 2로 나누는 평균 계산법은 큰 결점이 있어 보입니다. 아무 때나 쓸 수 있는 일반적인 방법이 아니기 때문입니다. 그러나 우리가 분석할 자연은 다행히 규칙성이 있기 때문에 평균을 쉽게 구하는 방법은 물리학에서 중요한 도구로 활용됩니다.

다음 질문에 한번 답해보세요.

Q1 : 무일푼인 상황에서 하루에 10만 원씩 번다면

① 1일 뒤 가진 돈은? → (10만 원)

② 2일 뒤 가진 돈은? → (20만 원)

③ 4일 뒤 가진 돈은? → (40만 원)

Q2 : 이미 30만 원을 가지고 있었다. 이 상황에서 하루에 10만 원씩
번다면

① 1일 뒤 가진 돈은? → (40만 원)

② 3일 뒤 가진 돈은? → (60만 원)

③ 5일 뒤 가진 돈은? → (80만 원)

돈 계산 공식을 몰라서 당황했거나 계산을 하기 위해 종이와 연필을 꺼내지 않았을 것입니다.

Q1은 10만 원에 날짜만 곱해주면 해당 날까지 번 돈이 됩니다.(10만 원×1일=10만 원, 10만 원×2일=20만 원, 10만 원×4일=40만 원)

Q2의 경우 역시 처음부터 가지고 있던 30만 원은 시간이 지나도 변하지 않으니 날짜별로 번 돈만 더해주면 됩니다.(원래 가진 돈+번 돈 → 30만 원+10만 원×1일=40만 원, 30만 원+10만 원×3일=60만 원, 30만 원+10만 원×5일=80만 원)

이 내용을 물체의 운동에 적용하면 등가속도 운동 속도 공식을 완성할 수 있습니다.

- **돈 증가분(얼마씩 버는가? 또는 쓰는가?) → 가속도(a)**
- **돈 → 속도(v)　(처음 돈: v_0, 나중 돈: v)**
- **날짜 → 시간(t)**

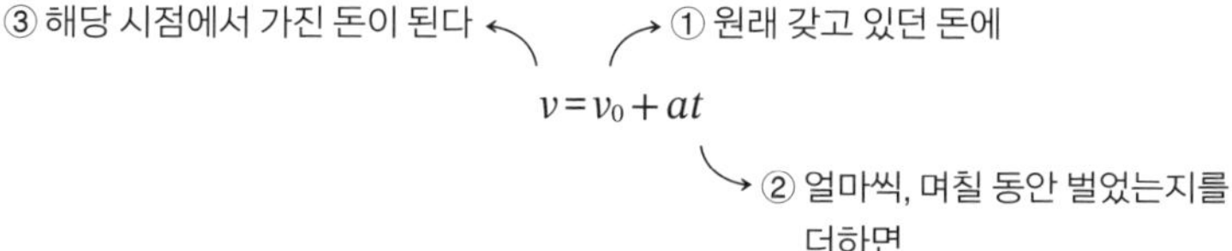

등가속도 운동의 속도 공식은 '원래 돈은 얼마 있었나?', '얼마씩 며칠 동안 벌었나?'가 더해져서 '며칠 후 가진 돈은 얼마인가?'를 구하

는 식입니다. 따라서 $v=v_0+at$라는 공식으로 외우지 않아도 물체의 나중 속도, 처음 속도, 운동 시간, 심지어 가속도까지 암산이 가능합니다. 등가속도 운동 문제를 돈에 비유해서 해결해 보겠습니다.

문제 1

출발선을 지난 자동차가 10m/s²의 일정한 가속도로 3초 동안 가속하여 속도가 50m/s가 되었다면 출발선에서의 속도는 얼마였는가?

해석 하루 10만 원씩 3일 동안 벌었을 때 현재 가진 돈이 50만 원이라면 처음 가지고 있던 돈은?

해결 3일 동안 30만 원을 벌었는데 현재 가진 돈이 50만 원이라면 원래 가지고 있던 돈은 <u>20만 원</u>이다.

(∴ 공식에 대입해 계산하는 경우: $50 = v_0 + 10 \times 3 \rightarrow v_0 = 20\text{m/s}$)

문제 2

속도가 40m/s인 물체가 10m/s²의 일정한 가속도로 움직여 속도가 90m/s에 도달했다면, 이때까지 걸린 시간은 얼마인가?

해석 40만 원을 가진 상태에서 하루에 10만 원씩 번다. 현재 가진 돈이 90만 원이면 며칠 동안 돈을 벌었는가?

해결 원래 40만 원을 가지고 있었으므로 일을 해 번 돈은 50만 원이다. 하루 10만 원씩 <u>5일</u>을 벌어야 50만 원이 된다.

(∴ 공식에 대입해 계산하는 경우: $90 = 40 + 10 \times t \rightarrow t = 5s$)

5m/s로 등속 운동하던 물체가 일정한 가속도 운동을 시작하여 5초 뒤 속도가 30m/s가 되었다면 가속도는 얼마인가?

해석 5만 원을 가진 상태에서 하루에 일정한 금액만큼 돈을 벌어 5일 후 30만 원이 되었다. 하루에 얼마씩 돈을 벌었는가?

해결 원래 5만 원을 가지고 있었으므로 5일 동안 번 돈은 25만 원이다. 하루에 <u>5만 원씩</u> 5일 동안 벌었음을 알 수 있다.

($\therefore$ 공식에 대입해 계산하는 경우: $30 = 5 + a \times 5 \rightarrow a = 5\text{m/s}^2$)

45m/s의 속도로 달리던 자동차가 3m/s^2의 일정한 감속으로 정지했다면, 정지하는 데 걸린 시간은 얼마인가?

해석 45만 원을 하루에 3만 원씩 쓸 경우, 모두 써 0원이 될 때까지 며칠이 걸리는가?

해결 매일 3만 원씩 <u>15일</u>을 쓰면 45만 원이 소진되어 0원이 된다.
($\therefore$ 공식에 대입해 계산하는 경우: $0 = 45 - 3 \times t \rightarrow t = 15\text{s}$)

등가속도 운동 물체의 이동 거리: 이자 포함 총재산

변위(위치 변화량)는 속도×시간으로 구할 수 있습니다.($s=v×t$) 변위는 출발점과 도착점을 직선으로 이은 길이와 방향을 의미합니다. 따라서 물체가 실제 경로를 따라 이동한 총길이인 이동 거리와는 다른 물리량입니다. 단, 방향이 변하지 않는 직선 운동의 경우 변위의 크기가 이동 거리와 동일합니다. 그럼 지금부터는 물체의 운동을 방향이 변하지 않는 직선 운동으로 제한해서 변위 대신 이동 거리로 설명하겠습니다. 이유는 간단합니다. 이동 거리가 훨씬 더 간단한 개념이기 때문입니다. 이동 거리($s=v×t$)는 1초 동안 얼마나 이동하는지를 나타내는 속력(속도의 크기)을 시간 동안 누적한 값으로, 결국 얼마나 이동했는지를 보여줍니다.(이제부터는 속력을 속도로 표기하겠습니다.)

그러나 이 식은 속도가 변하지 않는 등속도 운동에만 적용할 수 있습니다. 속도가 변하는 경우 시간에 따라 v가 계속 달라지므로 대입이

불가능하지요. 따라서 속도가 일정하게 변하는 등가속도 운동에서는 이동 거리를 구하는 식이 달라집니다.[2]

$$s = v_0 t + \frac{1}{2}at^2$$

간단한 설명과 달리 식이 매우 복잡해 보이는 이유는 속도가 시간에 따라 변하는 와중에 이동 거리를 구하기 위한 시간이 중복 적용되어 시간을 제곱하는 형태가 되기 때문입니다. 즉 일해서 번 돈이 속도라면, 일해서 번 돈에 이자까지 추가된 것이 이동 거리의 개념입니다.

$$s = v_0 t + \frac{1}{2}at^2$$

$v_0 t$항은 원래 갖고 있던 돈(v_0)에 t시간 동안 이자가 붙어 불어난 돈($v_0 t$)에 해당하며, $\frac{1}{2}at^2$항은 t시간 동안 a씩 벌어들인 돈에 t시간 동안 이자가 붙어 불어난 돈($\frac{1}{2}at^2$)입니다. 이 둘을 합하면 총재산이 됩니다. 그러나 '하루에 얼마씩 버나?'인 가속도를 굳이 식에 드러낼 필요가 없다면 총재산을 훨씬 쉽게 구할 수 있습니다. 바로 평균을 이용해서 매

---

2 변위와 이동 거리를 구하는 식은 같습니다. 속도와 가속도에 방향을 나타내는 부호(+, −)를 적용하면 결과는 변위가 되고, 부호를 적용하지 않으면(방향 정보를 없애면) 결과는 이동 거리가 됩니다.

일 달라지는 번 돈을 단 하나의 새 금액권으로 바꾸는 방법입니다.

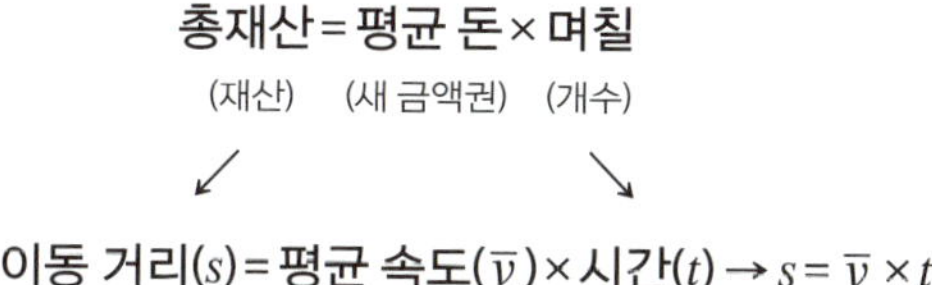

$①s = v_0 t + \dfrac{1}{2}at^2$ 과 $②s = \bar{v} \times t$ 는 똑같은 식입니다. 등가속도 운동에서 평균 속도가 $\bar{v} = \dfrac{v_0 + v}{2}$ 이기 때문입니다. 그리고 속도 공식 $v = v_0 + at$를 한 번 더 적용하면 식 ②에서 식 ①을 유도할 수 있습니다.

$$\underset{②}{\underline{s = \bar{v} \times t}} = \frac{v_0 + v}{2} \times t = \frac{v_0 + (v_0 + at)}{2} \times t = \underset{①}{\underline{v_0 t + \frac{1}{2}at^2}}$$

이제 이동 거리에 관한 문제를 머릿속으로만 계산해 봅시다. $s = v_0 t + \dfrac{1}{2}at^2$ 공식이 아닌 '평균 속도×시간'이라는 단순 곱셈, 즉 돈 계산 방식을 이용하면 됩니다.

문제 1

정지해 있던 자동차가 일정한 방향으로 가속도 $10m/s^2$으로 운동한다.

(1) 1초 동안 자동차의 이동 거리는?

(2) 2초 동안 자동차의 이동 거리는?

(3) 3초 동안 자동차의 이동 거리는?

속도가 일정하지 않고 변하고 있으므로 핵심은 평균 속도를 구하는 것입니다. 정지한 자동차의 처음 속도는 0이고 1초 뒤 속도는 $10m/s^2$입니다. 이 둘을 더해 평균을 구하면 5가 됩니다. 5라는 평균 속도로 1초 동안 운동했으니 (1)의 답은 $5m/s \times 1s = 5m$가 됩니다.

이제부터 아래의 3단계를 따라가 보겠습니다. 모든 계산은 암산으로 머릿속에서만 생각하는 것입니다.

1단계 : 처음 돈은 얼마고, 나중 돈은 얼마일까?

2단계 : 처음 돈과 나중 돈이 다르네? → 새 금액권(평균)은 얼마일까?

3단계 : 새 금액권(평균 돈)에 개수(날짜)를 곱한 총재산은 얼마일까?

문제 1-(1)

1단계: 처음 속도 0, 1초 뒤 속도 10	← 10만 원씩 1일 번 돈
2단계: 평균 속도 5	← $\dfrac{0+10}{2}=5$
3단계: $5m/s \times 1s = 5m$	← 5만 원권×1장

1단계: 처음 속도 0, 2초 뒤 속도 20	←	10만 원씩 2일 번 돈
2단계: 평균 속도 10	←	$\dfrac{0+20}{2}=10$
3단계: 10m/s × 2s = 20m	←	10만 원권 × 2장

문제 1-(3)

1단계: 처음 속도 0, 3초 뒤 속도 30	←	10만 원씩 3일 번 돈
2단계: 평균 속도 15	←	$\dfrac{0+30}{2}=15$
3단계: 15m/s × 3s = 45m	←	15만 원권 × 3장

※ $v_0 t+\dfrac{1}{2}at^2$에서 $v_0=0$, $a=10$, $t=1, 2, 3$을 대입해서 얻은 결과와 비교해 보길 바랍니다.

정답 (1) 5m, (2) 20m, (3) 45m

문제 2

30m/s로 직진하는 자동차가 1초에 10m/s씩 속도가 증가하고 있다.

(1) 1초 동안 자동차의 이동 거리는?

(2) 3초 동안 자동차의 이동 거리는?

(3) 5초 동안 자동차의 이동 거리는?

1단계: 처음 속도 30, 1초 뒤 속도 40 ← 30만 원 가진 상태로 10만 원씩 1일 번 돈

2단계: 평균 속도 35 ← $\dfrac{30+40}{2}=35$

3단계: $35\text{m/s} \times 1\text{s} = 35\text{m}$ ← 35만 원권×1장

1단계: 처음 속도 30, 3초 뒤 속도 60 ← 30만 원 가진 상태로 10만 원씩 3일 번 돈

2단계: 평균 속도 45 ← $\dfrac{30+60}{2}=45$

3단계: $45\text{m/s} \times 3\text{s} = 135\text{m}$ ← 45만 원권×3장

1단계: 처음 속도 30, 5초 뒤 속도 80 ← 30만 원 가진 상태로 10만 원씩 5일 번 돈

2단계: 평균 속도 55 ← $\dfrac{30+80}{2}=55$

3단계: $55\text{m/s} \times 5\text{s} = 275\text{m}$ ← 55만 원권×5장

※ $v_0 t + \dfrac{1}{2}at^2$ 에서 $v_0=30$, $a=10$, $t=1,\ 3,\ 5$ 를 대입해서 얻은 결과와 비교해 보길 바랍니다.

정답 (1) 35m, (2) 135m, (3) 275m

20m/s로 운동하는 자동차가 브레이크를 밟아 매초 4m/s씩 속도가 감소할 때, 3초 뒤 자동차의 ① 속도와 ② 이동한 거리를 구하시오.

1단계: 처음 속도 20, 3초 뒤 속도 8	← 20만 원 가진 상태로 4만 원씩 3일 쓰고 남은 돈
2단계: 평균 속도 14	← $\dfrac{20+8}{2}=14$
3단계: 14m/s × 3s=42m	← 14만 원권×3장

(공식 대입: $s=20\times3+\dfrac{1}{2}\times(-4)\times3^2=42\text{m}$)

정답 ①8m/s, ②42m

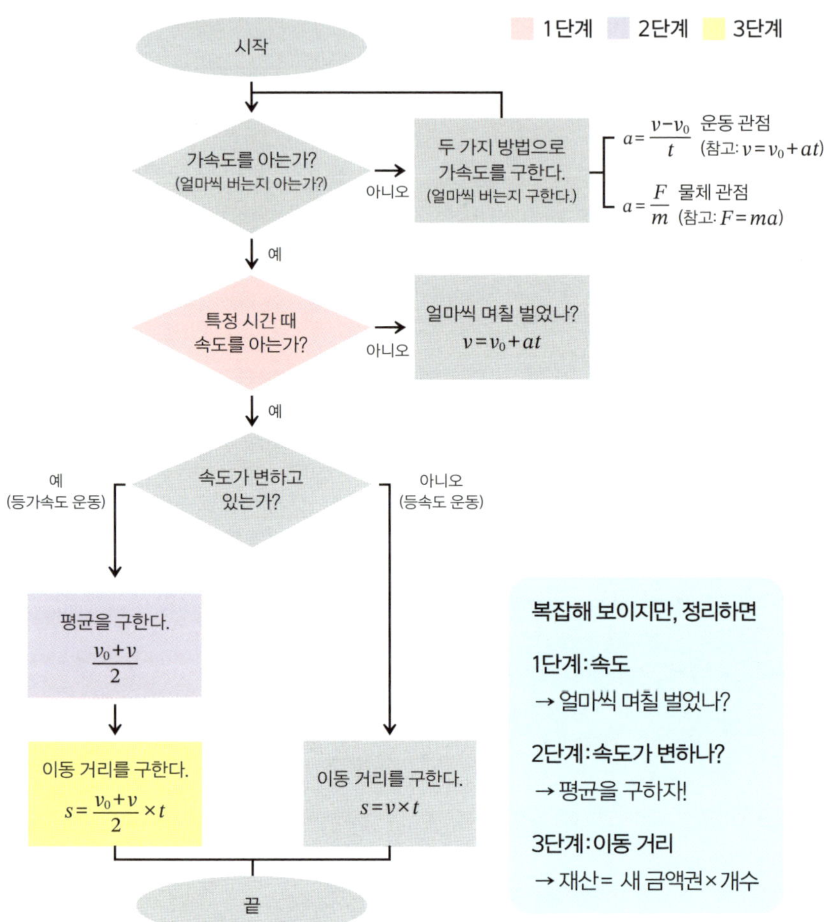

등가속도 운동 분석 3단계 알고리즘

등가속도 운동을 공식 대입과 그래프 해석으로만 배우거나 공부한 사람들이 많을 것입니다. 그러나 처음부터 공식과 그래프를 이용하는

건 개념을 이해하고 문제를 해결하는 게 아니라 수학적 테크닉을 터득하는 것에 가깝습니다. 개념을 제대로 알기 이전에 문제 풀이 기술부터 배웠기 때문에 물리학 문제를 풀 때 공식에 대입하지 않거나 그래프를 그리지 않고 문제를 해결할 수 있다는 사실조차 모르는 사람들이 많습니다.

우리가 돈 계산에 특별한 공식을 쓰지 않는 이유는 돈 계산 개념과 과정을 완벽하게 이해하고 있기 때문입니다. 3단계 사고 과정 역시 물리적 상황을 인식하고, 그에 따라 해결법을 생각하는 방법입니다. 시작부터 무엇을 해야 할지 한 걸음도 내딛지 못할 때 참고할 수 있는 가이드일 뿐, 3단계 사고 과정을 암기하라는 의미가 아닙니다.

등가속도 운동을 돈에 비유할 때의 주의할 점 하나를 짚고 넘어가보겠습니다. '정지한 물체가 가속도 10으로 운동할 때 1초 뒤 물체의 속도와 이동 거리를 구해보자.'라는 문제의 정답은 속도 10m/s, 이동 거리 5m입니다. 이를 돈 개념으로 적용하면 1일 후 가진 돈은 10만 원, 총재산은 5만 원이 되므로 오히려 이자가 포함된 재산이 줄어든 것처럼 보입니다.

그러나 속도의 단위는 m/s이고 거리의 단위는 m이기 때문에 두 물리량의 차원 자체가 다릅니다. 비유할 때는 둘 다 동일한 '만 원'이라는 단위를 써서 돈의 개념으로 쉽게 문제를 해결했지만 원래 이 둘은 서로 비교할 수 있는 대상이 아닙니다.

자유 낙하: 월급과 재산 (1)

다음 문제 상황을 공식이나 그래프 없이 앞서 익힌 사고 과정만으로 해결해 봅시다.

문제

높은 절벽 위에서 질량 1kg의 공을 공중에 가만히 놓았다.(단, 공기 저항은 무시하며 중력가속도 $g=10m/s^2$이다.)

① 4초 만에 공이 지면에 닿았다면 이 절벽의 높이는 지면으로부터 몇 m일까?

② 2초 만에 공을 지면에 닿게 하려면 얼마의 속도로 공을 아래로 던져야 할까?

①**1단계**: 절벽에서 공을 던진 것이 아니라 가만히 놓았기 때문에 공의 처음 속도는 0입니다. 문제에 주어진 중력가속도 $g=10\text{m/s}^2$ 은 1초에 10씩 속도가 증가한다는 것으로 4초가 지난 공의 속도는 40입니다.(무일푼에서 하루 10만 원씩 4일 벌어 40만 원 번 것과 같습니다.)

2단계: 속도가 변했으니$(0 \rightarrow 40)$ 평균 속도를 구합니다.$(\dfrac{0+40}{2}=20)$

3단계: 20의 평균 속도로 4초 동안 운동했으니 절벽의 높이는 80m입니다.

②만약 2초 만에 지면에 닿게 하려면 80m의 거리를 2초 동안 운동해야 하므로 공의 평균 속도는 40m/s입니다. 처음 얼마의 속도로 던졌는지는 모르지만 나중 속도는 처음 속도보다 2초가 지난 뒤이므로 20m/s가 더 커진 상태이며(10만 원씩 2일 번 돈) 이 둘을 더해 2로 나눈 값이 40이 되어야 하므로 이 둘을 더한 값은 80입니다. 따라서

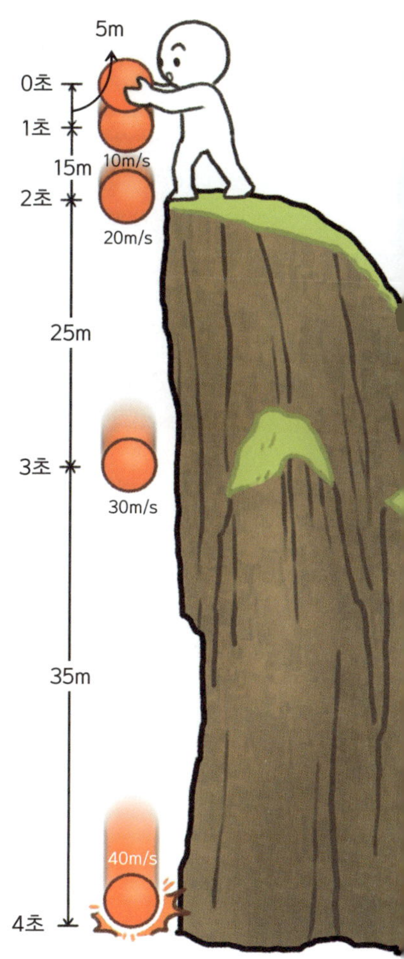

처음 속도가 30m/s가 되면 나중 속도는 여기에 20m/s가 더해진 50m/s이 되어 조건을 만족합니다.

정리하면 처음 속도 30, 2초 뒤 속도 50이므로 평균 속도는 40이고, 40의 속도로 2초 동안 운동했으니 80m이 나옵니다. 결국, ①은 3단계를 순차적으로, ②는 3단계를 역순으로 접근하면 해결할 수 있습니다.

정답: ①80m, ②30m/s

4초 동안 자유 낙하하는 공의 운동을 전부 분석해 보면, 이는 초당 속도 증가량인 가속도가 10으로 일정하기 때문에 물체가 하루에 10만 원씩 돈을 버는 것과 같습니다.

1초 때 속도: 10m/s (10만 원씩 1일 번 돈)

2초 때 속도: 20m/s (10만 원씩 2일 번 돈)

3초 때 속도: 30m/s (10만 원씩 3일 번 돈)

4초 때 속도: 40m/s (10만 원씩 4일 번 돈)

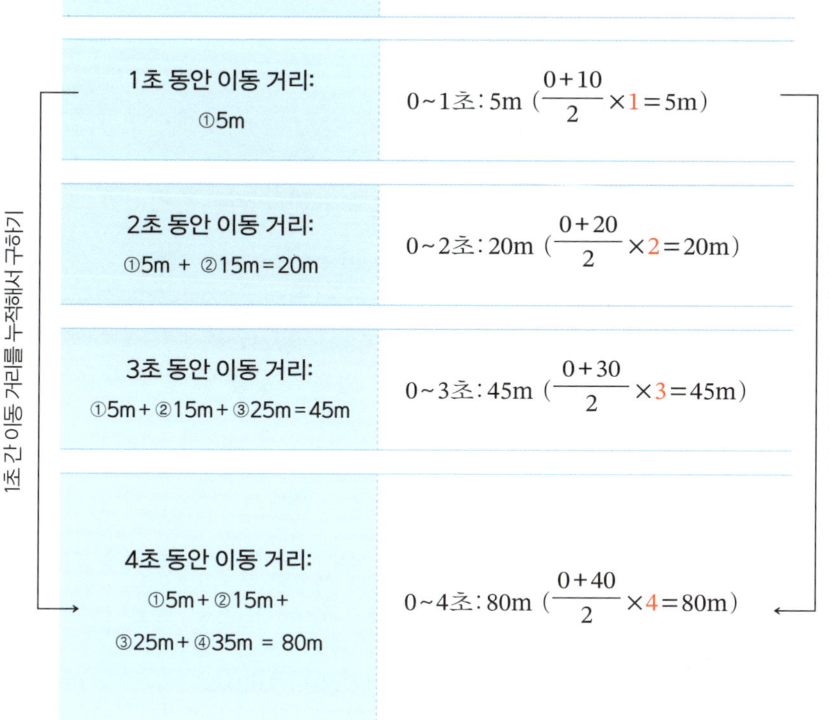

1초 간 이동 거리

① 0~1초: 5m $\left(\dfrac{0+10}{2}\times1=5m\right)$

② 1~2초: 15m $\left(\dfrac{10+20}{2}\times1=15m\right)$

③ 2~3초: 25m $\left(\dfrac{20+30}{2}\times1=25m\right)$

④ 3~4초: 35m $\left(\dfrac{30+40}{2}\times1=35m\right)$

1초 동안 이동 거리:
①5m

0~1초: 5m $\left(\dfrac{0+10}{2}\times1=5m\right)$

2초 동안 이동 거리:
①5m + ②15m = 20m

0~2초: 20m $\left(\dfrac{0+20}{2}\times2=20m\right)$

3초 동안 이동 거리:
①5m + ②15m + ③25m = 45m

0~3초: 45m $\left(\dfrac{0+30}{2}\times3=45m\right)$

4초 동안 이동 거리:
①5m + ②15m +
③25m + ④35m = 80m

0~4초: 80m $\left(\dfrac{0+40}{2}\times4=80m\right)$

1초 간 이동 거리를 누적해서 구하기

연속 시간으로 한 번에 구하기

　물체가 힘을 받으면 물체의 운동 상태가 변화합니다. 이러한 변화의 정도를 숫자로 나타낸 것이 바로 가속도(a)입니다.

　공중에 물체를 두면 물체는 그 자리에 떠 있지 못하고 즉시 아래로 떨어집니다. 이를 통해 물체는 힘을 받고 있다는 것을 알 수 있지요. 그렇다면 물체에 힘을 가하는 존재는 무엇일까요? 공중에서 물체를 놓았다는 것은 내 손을 떠났음을 의미하며, 그 순간부터 나는 물체에 힘을 가할 수 없습니다. 물체에 힘을 가하는 것은 지구입니다. 실제로 지구는 모든 물체를 지구 중심으로 잡아당기는 중력을 작용합니다.

　중력에 의해 낙하하는 모든 물체는 1초마다 10m/s씩 속도가 빨라지지요. 이것이 중력가속도 $g=10\text{m/s}^2$라는 식의 의미입니다. 원래 중력가속도 g의 평균값은 약 9.8m/s^2이지만, 여기서는 편의상 어림해서 10으로 사용하겠습니다.

시간	0초	1초	2초	3초	4초	5초
낙하 속도	0m/s	10m/s	20m/s	30m/s	40m/s	50m/s

∴ 1초당 속도 변화량 　 ＼+10↗ ＼+10↗ ＼+10↗ ＼+10↗ ＼+10↗
（가속도）

　지금까지 중력가속도 10을 미리 적용해서 하루에 10만 원씩 돈을 버는 것에 비유해 속도를 알아냈지만, 실제 중력가속도가 10이라는 사실은 이와 반대로 물체의 속도 변화를 통해 거꾸로 구해냅니다.

③ 얼마나 되는가? ←　　② 돈 증가분이
$$a = \frac{v - v_0}{t}$$
① 시간에 따른

　이 식의 주인공을 가속도(a)가 아닌 속도(v)로 바꿔 나타낸 것이 79쪽의 등가속도 운동 속도 공식입니다. ($a = \dfrac{v - v_0}{t} \rightarrow v = v_0 + at$)

　영국의 과학자 뉴턴은 시간당 빨라지고 느려지는 물체의 운동을 분석해서 가속도를 알아낸 것이 아니라 물체의 운동 원인에 초점을 맞췄습니다.

③ 이 정도의 변화가 생긴다 ←　　② 힘을 가하면
$$a = \frac{F}{m}$$
① 물체에

이것이 그 유명한 뉴턴의 제2법칙인 가속도 법칙입니다. 주인공을 힘(F)으로 바꾸면 $F=ma$로 아주 익숙한 형태가 되지요.

참고로 $a=\dfrac{v-v_0}{t}$와 $a=\dfrac{F}{m}$는 대상이 같으므로 같게 놓을 수 있습니다.

$$\frac{F}{m}=\frac{v-v_0}{t} \rightarrow Ft=mv-mv_0$$

54쪽의 운동량–충격량 정리는 이렇게 유도할 수 있습니다.

자유 낙하 운동을 제대로 이해하기 위해서는 $F=ma$의 뜻을 다음의 ①과 ②처럼 구분해서 적용할 수 있어야 합니다.

이는 앞선 18쪽과 똑같은 내용입니다. ①은 금액권이 정해진 경우 금액에 따라 개수가 달라지는 것 또는 개수에 따라 금액이 달라지는 것을 의미하고, ②는 금액이 정해진 경우 금액권에 따라 개수가 달라지거나 개수에 따라 금액권이 달라지는 것을 의미합니다. 다시 말해 ①과 ②는 같은 식이지만, 어떤 것을 원인으로 하는지에 따라 그에 따른 결과 해석이 달라집니다.

자유 낙하 운동을 분석하려면 물체에 월급을 주는 중력이라는 기업의 임금 지급 규정을 알아봐야 합니다. 중력을 받아 자유 낙하하는 물체는 질량이 얼마이든 모든 물체가 똑같이 1초에 10씩 속도가 증가합니다. 즉 중력에 의한 가속도는 10으로, 질량이 큰 망치든 질량이 작은 깃털이든 중력을 받으면 모두 1초마다 10씩 속도가 빨라집니다.

같은 높이에서 망치와 깃털을 동시에 놓으면 두 물체는 동시에 지면에 닿습니다.

단, 이런 일이 가능하려면 낙하하는 동안 물체에 작용하는 공기 저항이나 마찰력이 없다는 전제 조건이 있어야 합니다. 그래서 낙하 앞에 '자유'라는 말이 붙는 것입니다. 즉 자유 낙하란 오로지 '중력'만 받아 낙하하는 것을 말합니다.

공기 저항이 있는 곳에서의 낙하는 자유 낙하가 아니므로 실제로는 공기 중에서 망치와 깃털을 같은 높이로 올려 동시에 놓으면 무거운 망치가 먼저 지면에 닿습니다. 그렇다면 왜 모든 물체는 공기 저항 없이 중력만 받는 경우에 질량과 관계없이 똑같이 1초에 10씩 속도가 증가할까요?

그 이유는 질량이 큰 물체에는 큰 중력이 작용하고 질량이 작은 물체에는 작은 중력이 작용하기 때문입니다. 이를 돈으로 비유하면 중력이라는 기업은 부양가족이 많은 직원($m\uparrow$)에게는 많은 임금($F\uparrow$)을 수고, 부양가족이 적은 직원($m\downarrow$)에게는 적은 임금($F\downarrow$)을 줍니다. 즉 임금을 차등 지급합니다. 따라서 부양가족에 대한 임금의 비율은 모든 직원이 똑같은 것입니다.

$$\frac{F}{m} = g = \frac{F}{m}$$

(중력에 의한 가속도 a 는 10m/s^2 로 정해져 있으므로 특별히 g로 따로 표현한다.)

중력은 물체의 질량에 비례합니다. 질량이 5kg인 망치의 중력은 5×10＝50N이지만, 질량이 0.01kg인 깃털의 중력은 0.01×10＝0.1N 밖에 되지 않습니다. 이러한 중력의 크기를 우리는 무게라고 부릅니다. 결국 질량이 큰 물체일수록 큰 힘으로 잡아당겨야만 지구에 물체를 붙여둘 수 있다는 뜻입니다.

마치 근무연수가 많아 경력이 많거나 부양가족이 많은 직원에게 그만큼 더 많은 급여를 지급함으로써 직원이 회사를 떠나지 못하게 하는 것과 같지요. 이제 망치의 중력(무게)을 망치의 질량으로, 깃털의 중력을 깃털의 질량으로 각각 나눠보겠습니다.

$$\frac{50N}{5kg} = 10\text{m/s}^2 = \frac{0.1N}{0.01kg} \left(\frac{m\text{g}}{m} = \text{g} = \frac{m\text{g}}{m} \right)$$

많은 사람이 같은 높이에서 자유 낙하하는 물체는 질량과 관계없이 똑같이 떨어진다는 사실을 잘 알고 있습니다. 그러나 그 이유는 '물체마다 같은 크기의 중력이 똑같이 작용하기 때문'이라고 잘못 알고 있는 경우가 많습니다. 실제로는 질량에 따라 중력이 다르게 작용하고 있기 때문에 그 결과가 똑같이 나타나는 것이죠.

만약 질량과 관계없이 작용하는 중력의 크기가 똑같다면 기이한 현상이 발생합니다. 무거운 망치보다 가벼운 깃털이 빨리 떨어지게 되

관성의 법칙

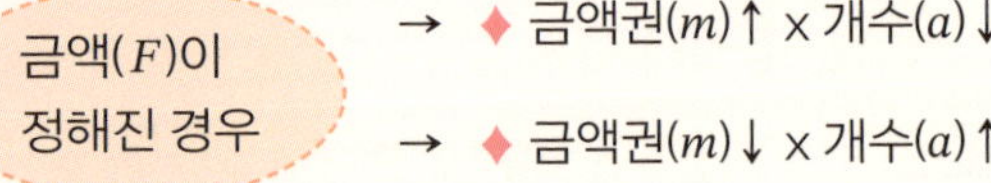

자유 낙하

♦ 금액권(m)이 커질 때,
   금액(F)도 함께 커지므로

♦ 금액권(m)이 작아질 때,
   금액(F)도 함께 적어지므로

개수(a)는
변함없다.

지요. 질량이 큰 물체일수록 힘에 둔감하게 반응하고($\dfrac{F}{m\uparrow}=a\downarrow$) 질량이 작은 물체일수록 힘에 민감하게 반응합니다.($\dfrac{F}{m\downarrow}=a\uparrow$) 이것이 뉴턴 제1법칙인 관성 법칙입니다.(64~71쪽 연습 문제에서 두 물체가 동일한 충격력을 받았을 때 질량에 따른 속도 변화의 차이를 확인해 보세요.)

공중에 놓은 망치와 깃털을 같은 중력으로 잡아당기면 질량이 큰 망치는 그 자리에서 잘 움직이려 하지 않지만, 깃털은 중력에 민감하게 반응하므로 바로 떨어지기 시작합니다. 이 부분이 잘 이해가 되지 않는다면 수직이 아닌 수평으로 문제 상황을 바꾸고 힘을 가하는 주체도 지구에서 '나'로 바꿔보면 됩니다.

서로 같은 크기의 힘과 중력이 작용할 경우

코끼리와 개미가 출발선에 있고, 이 둘을 양손으로 하나씩 잡고 동시에 같은 크기의 힘으로 당긴다면 어떻게 될까요? 당연히 질량이 큰 코끼리는 꿈쩍도 하지 않지만 질량이 작은 개미는 바로 끌려올 것입니다. 이 상황을 수직으로만 옮기면 중력에 의한 낙하 현상이 됩니다. 만약 지구가 코끼리와 개미에 똑같은 크기의 힘을 작용한다면 공중의 코끼리는 끌려오지 않고 그대로 떠 있는 반면, 개미만 아래로 낙하할 것입니다.

앞서 말한 내용을 잠깐 정리해 보겠습니다. 질량에 따라 중력이 다르게 작용하기 때문에 자유 낙하하는 모든 물체는 질량에 관계없이 똑같이 1초에 $10m/s$씩 빨라지며 떨어집니다.

그러나 현실에서 낙하하는 물체를 관찰하면 질량이 큰 물체가 질량이 작은 물체보다 먼저 지면에 도착합니다. 실제 낙하는 중력만 작용하는 자유 낙하가 아니기 때문이죠. 물체 낙하에 영향을 미치는 또 다른 힘은 바로 공기 저항력입니다.

사실 공기 저항력은 중력에 비해 큰 힘이 아닙니다. 특히 질량이 큰 물체에 작용하는 공기 저항력은 큰 중력에 비해 매우 작아 무시할 수 있을 정도입니다.

그러나 질량이 작은 물체로 대상을 바꾸면 이야기는 달라집니다. 질량이 작은 물체에는 작용하는 중력 역시 매우 작기 때문입니다. 따라

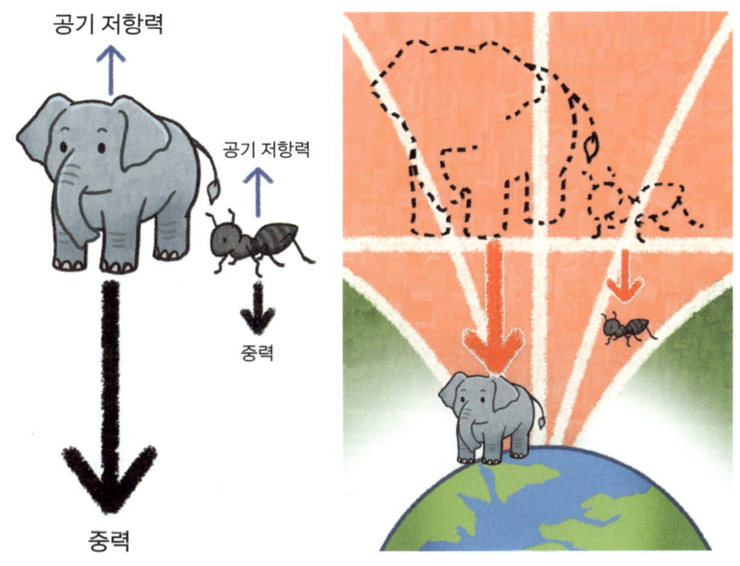

공기 중에서의 낙하

서 작은 질량의 물체에 작용하는 공기 저항력은 중력의 효과를 눈에 띄게 감소시키고, 이로 인해 물체가 천천히 떨어집니다.(1초 동안 빨라지는 속도가 10m/s가 되지 못한다는 뜻입니다.)

아폴로 15호 우주인이 했던 낙하 실험처럼 망치와 깃털을 가지고 달까지 가지 않더라도 지구에서 자유 낙하 실험을 할 수 있습니다. 한 손엔 A4용지, 다른 한 손엔 공을 들고 같은 높이에서 동시에 낙하시킵니다. 그다음 A4용지를 구겨서 모양을 공처럼 만든 후 둘을 같은 높이에서 동시에 낙하시킵니다.

펼친 종이는 공보다 늦게 지면에 닿지만, 구긴 종이는 공과 동시에

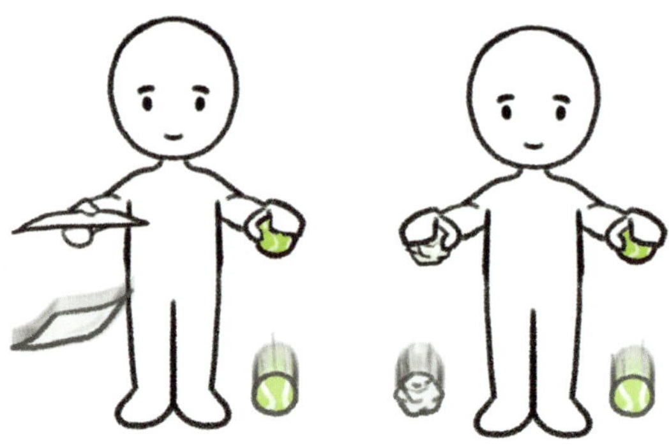

지면에 닿습니다. 종이는 펼치든 구기든 모양에 따라 질량이 달라지지 않습니다. 그러나 공기 저항력은 종이의 모양에 따라 달라집니다.

펼친 종이는 낙하하는 동안 공기와 접촉하는 면적이 크기 때문에 공기 저항력을 크게 받습니다. 따라서 큰 공기 저항력에 의해 중력의 효과가 줄어 천천히 떨어집니다. 그러나 종이를 구기면 공기와 접촉하는 면적이 작아 공기 저항력이 크게 줄어듭니다. 따라서 중력의 효과가 거의 그대로 나타나 오로지 중력만 받는 자유 낙하 운동을 하게 되는 것이죠.

지금까지 공기 저항이 있는 곳에서는 무거운 물체가 가벼운 물체보다 빨리 떨어진다고 했습니다. 그러나 물리학적으로는 가벼운 물체가 느리게 떨어진다고 표현하는 것이 더 옳습니다. 왜냐하면 지구에서 자유 낙하할 때 그 어떤 물체도 1초에 10m/s 이상의 속도로 떨어질 수 없기 때문입니다. 이 속도는 오직 공기 저항에 의해 줄어들기만 하지요.

이를 극단적으로 이용한 것이 바로 낙하산입니다. 낙하산은 중력을 전혀 변화시키지 못합니다. 다만 공기 저항력을 크게 하여 중력의 효과를 줄여줄 뿐입니다.

이제 이 상황을 그동안 해온 것처럼 돈에 연관 지어 정리해 봅시다. 중력이라는 기업은 직원들의 부양가족(m)에 따라 급여(F)를 달리 지급합니다. 부양가족이 많을수록($m\uparrow$) 많은 급여를 지급하고($F\uparrow$), 부양가족이 적을수록($m\downarrow$) 적은 급여를 지급합니다.($F\downarrow$) 따라서 급여에 대한 실질적 효과는 중력 기업에 근무하는 전 직원이 모두 똑같습니다.($g=10\text{m/s}^2$)

그러나 이것은 어디까지나 세금을 떼기 전의 상황임을 주의해야 합니다. 현실에서는 세금을 피할 수 없습니다. 즉 정부가 직원들에게 세금(공기 저항력)을 징수하면 급여의 효과는 달라지는데, 특히 급여를 적게 받는 직원은 세금에 대한 타격이 훨씬 크므로 실수령액이 눈에 띄게 줄어드는 것입니다.[3]($g=10\text{m/s}^2\downarrow$)

---

[3] 실제로는 이런 문제의 보완책으로 소득이 클수록 세율이 높아지는 누진세 제도를 시행하고 있습니다. 질량에 따라 중력이 달라지는 현상과 꼭 닮았지요.

4장

돈으로 이해하는 고차원 물리학 법칙들

일과 운동 에너지: 돈거래 모형(3)

앞서 '힘이 시간적으로 누적된 양'에 충격량(Ft)이라는 이름을 붙였습니다. 또한 물체에 충격을 가하면 충격받은 만큼 운동의 양인 운동량(mv)이 변합니다. 이 둘의 관계를 정리한 것이 운동량 – 충격량 정리였지요.

$$mv_0 + Ft = mv$$

(v_0: 충격받기 전 처음 속도, v: 충격받은 후 나중 속도)

앞서 3장에서는 처음 속도를 v, 나중 속도를 v'로 운동량 – 충격량 정리를 표기했습니다. ($mv \pm Ft = mv'$) 그 이유는 두 물체의 충돌을 다뤄야 했기 때문입니다. 만약 초기 속도를 v_0로 표기한다면 A와 B의 초기 속도는 v_{0A}, v_{0B}으로, A와 B의 초기 운동량은 $m_A v_{0A}$, $m_B v_{0B}$으로 표기하는 식으로 아래 첨자가 2개씩 들어가 복잡해지겠지요.

지금부터는 단일 물체의 운동량과 충격량의 관계를 살펴볼 것이므로 처음 속도를 v_0, 나중 속도를 v로 표기하겠습니다. 운동량과 충격량을 연결하는 부호인 '±' 역시 물체가 운동 방향과 반대 방향으로 충격을 받는 경우 충격량을 받은 만큼 운동량이 줄어들도록 적용하면 되기 때문에 −를 배제하고 +로만 표기할 것입니다.

물리학자들은 힘의 시간적 누적 외에 힘의 공간적 누적도 가능하다는 것을 알아냈습니다. 힘을 공간적으로 누적한 양(Fs)을 일(W)이라 합니다. 결국 일의 양은 물체에 힘(F)을 가해 물체가 얼마나 이동했는지에 대한 이동 거리(s)의 곱으로 나타낼 수 있습니다.

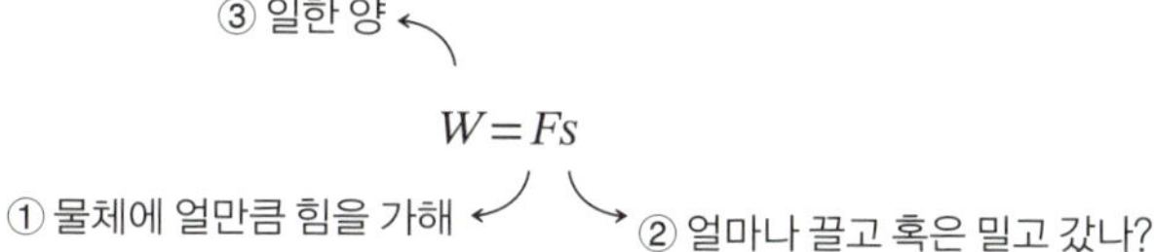

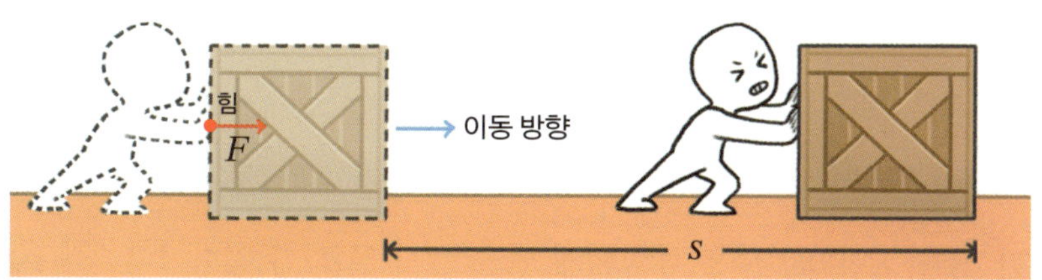

물리학자들이 말하는 일의 정의를 알아봤습니다. 하지만 그래서 일이 뭐 어떻다는 것인지 도무지 감이 오지 않습니다. 물체에 힘을 가해 일을 하면 물체는 계속 이동하다 또 다른 무언가와 충돌하게 됩니다. 이때 물체는 다른 무언가에 힘을 가하며 다른 무언가를 다시 밀어냅니다. 즉 물체가 다른 무언가에 일을 하는 것입니다.

사람이 물체에 일을 한다. → 일을 받은 물체가 다른 대상에게 일을 한다.

이 과정을 조금 더 세부적으로 분석해 보면 다음과 같습니다.

①사람이 물체에 일을 한다. → ②일을 받은 물체는 속도를 갖고 운동한다. → ③물체 앞에 방해물이 나타나기 전까지 물체는 운동을 계속한다. → ④물체 앞에 다른 대상이 나타난다. → ⑤물체와 다른 대상이 충돌한다. → ⑥물체가 힘을 가해 다른 대상을 밀어내는 일을 한다.

이 과정을 다시 깔끔하게 줄여보겠습니다. 번거롭다고 생각할 수도 있지만, 우리의 목적은 문제를 빨리 푸는 것이 아니라 논리적 사고 과정을 최대한 잘 이해하기 위해서이니 천천히 과정을 짚어보길 바랍니다.

여기서 다시 줄일 과정은 처음에 늘렸던 ②~⑤ 과정입니다. 물체가 일을 받아(①) 다른 대상에게 일을 행사(⑥)하기 전까지의 ②~⑤

과정에서는 아직 새로운 일이 발생하지 않았습니다. 즉 일과 또 다른 일이 발생하기까지, 그 사이에 물체는 복잡한 상황과 상태로 존재합니다. 이를 '에너지'라고 합니다. 결과적으로 일에 의해 에너지가 만들어지며 에너지는 또 다른 일을 할 수 있습니다.

$$일 \ \rightarrow \ 에너지 \ \rightarrow \ 또 다른 일$$
$$① \qquad ② \sim ⑤ \qquad\quad ⑥$$

물체가 ② ~ ⑤ 상황이 될 수 있었던 이유는 ① 일 때문이며, 이렇게 받은 일은 ② ~ ⑤ 과정에서 에너지로 전환되었다가 새로운 대상을 만나 가진 에너지만큼 다시 ⑥ 일로 전환됩니다.

여기서 '에너지'를 돈에 비유하면, '일'은 돈을 얻는 행위가 됩니다. 얻은 돈은 다시 다른 '일'을 가능하게 하는 수단이 되지요. 이러한 에너지와 일의 관계를 이용해서 일-에너지 정리를 유도할 수 있습니다.

어려운 말처럼 들릴 수 있지만 우리는 이미 '거래 금액만큼 재산이 변한다.'라는 개념을 충격량과 운동량에 적용해 운동량-충격량 정리를 이끌어낸 적이 있습니다. 일과 에너지의 관계 역시 완벽하게 동일한 개념입니다. 거래 금액에 해당했던 충격량 대신 일, 재산에 해당했던 운동량 대신 에너지로 차원을 하나 높여 새롭게 적용하기만 하면 됩니다.

물리학적으로 일은 '물체에 에너지를 전달하거나 뺏는 방식', 에너지는 '일을 할 수 있는 능력'으로 정의됩니다. 사실 물리학에서는 일과 에너지 자체를 명확히 설명하지 못합니다. 일이라는 개념은 에너지를 이용해 설명하고 에너지라는 개념은 일을 이용해 설명하는데, 그 이유가 바로 일과 에너지의 이러한 관계 때문입니다.

물체에 일(①)을 해서 물체가 에너지를 가진 상태(②~⑤)를 보면 물체는 운동하고 있습니다. 이러한 에너지를 특별히 운동 에너지(E_k)라고 합니다. 결국 물체에 일을 하면 물체는 일을 받은 만큼 운동 에너지가 변합니다.

그런데 우리는 여기서 의문이 들어야 합니다. 예를 들어 교실 청소를 할 때 책상에 힘을 가해 뒤로 미는 일을 하면 책상이 이동하다가 다른 책상에 부딪혀 또 다른 일을 하지 않습니다. 분명 일을 해서 책상에 운동 에너지를 전달했지만, 손을 떼는 순간 책상은 그대로 멈춰버립니다. 내가 책상에 가한 일이 정말 운동 에너지로 전환되었는지 의심스러운 상황이죠.

그 이유는 우리가 배운 또 다른 개념, 즉 세금 때문입니다. 낙하 실험에서는 공기 저항력이 세금과 같은 역할을 했지요. 책상과 지면 사이에서는 마찰력이라는 세금이 존재합니다. 물체에 힘(F)을 가해 이동 거리(s)만큼 누적시켜 일(W)을 하면 책상은 받은 일만큼 운동 에너지가 증가합니다. 그런데 가하는 힘과 반대 방향으로 마찰력($F_{마찰력}$)이 같은 이동 거리(s)만큼 일을 해서 물체의 운동 에너지를 그 즉시 빼앗아버립니다. 따라서 운동 에너지를 모두 빼앗긴 책상은 정지합니다.

마찰력에 의한 일이 없다면 물체에 해준 일만큼 물체는 운동 에너지를 갖게 되므로 다른 무언가와 충돌할 때까지 운동을 계속할 것입니다. 대표적인 예가 마찰력을 거의 무시할 수 있는 빙판 스포츠인 컬링입니다.

스톤 투구자는 스톤에 힘(F)을 가해 투구 지점까지 함께 이동(s)한 만큼 스톤에게 일($W=Fs$)을 합니다. 스톤은 투구자로부터 일을 받은 만큼 운동 에너지(E_k)를 갖게 되므로 투구자의 손을 떠나서도 계속 일정한 속도로 운동합니다.

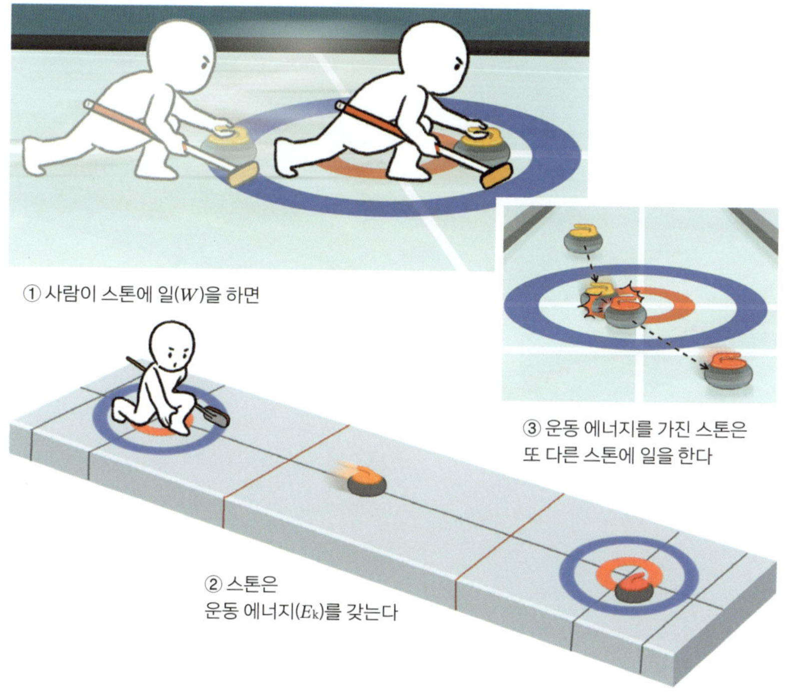

마찰력이 거의 없는 빙판에서 컬링 스톤의 운동

　그러다 다른 스톤과 충돌하면 운동하던 스톤은 자신의 운동 에너지만큼 다른 스톤에 힘(F)을 가해 밀어내는(s) 일($W=Fs$)을 합니다. 결국 일과 에너지에 대한 관계를 적용할 때에도 물체에 작용하는 마찰력이나 공기 저항력 같은 비보존력의 유무를 파악해야 합니다. 다시 말해 세금이 붙는지 아닌지를 잘 구별해야 한다는 뜻입니다.

일과 운동 에너지: 돈거래 모형(4)

일과 에너지는 각각 거래 금액과 재산에 비유할 수 있습니다. 따라서 거래 금액은 거래 전후의 재산 차이가 됩니다.

일은 운동 에너지의 변화량

① 일은(거래 금액은)

$$Fs = E_k{'} - E_k$$

② 운동 에너지 차이만큼
(거래 전·후의 재산 차이만큼)

(E_k: 일을 받기 전 운동 에너지, $E_k{'}$: 일을 받은 후 운동 에너지)

이제 관점을 거래 금액이 아닌 재산 변화로 옮기면 일-운동 에너지 정리가 완성됩니다.

일-운동 에너지 정리

① 처음 운동 에너지에(처음 재산에) ←   → ② 일이 추가되면(거래 금액을 합치면)

$$E_k + Fs = E_k{'}$$

③ 현재 운동 에너지가 된다(현재 재산이 된다) ←

일 – 운동 에너지 정리는 운동량 – 충격량 정리($mv_0 + Ft = mv$)와 형태가 같습니다. 충격량은 힘의 시간적 누적(Ft), 일은 힘의 공간적 누적(Fs)이므로 힘은 공통 요인임을 알 수 있습니다. 따라서 시간과 이동 거리 사이의 관계만 연결하면 운동량 – 충격량 정리를 일 – 운동 에너지 정리로 바꿀 수 있습니다.

이동 거리 = 평균 속도 × 시간 $(s = \bar{v} \times t)$

이동 거리와 시간을 연결하는 것은 평균 속도입니다. 정지($v_0 = 0$)해 있는 물체에 힘을 가해 물체의 속도가 v가 될 때까지 물체에 일을 한 경우, 물체의 평균 속도는 $\frac{v}{2}(\frac{0+v}{2})$가 됩니다.

충격량에 평균 속도 $\frac{v}{2}$를 곱하면 시간이 '평균 속도×시간', 즉 이동 거리가 됩니다. 이렇게 충격량을 일로 바꿉니다. $(Ft \times \frac{v}{2} = F \times (\frac{v}{2} \times t) = Fs)$ 이제 운동량 – 충격량 정리의 모든 항에 $\frac{v}{2}$를 곱합니다.

$$mv_0 \times \frac{v}{2} + Ft \times \frac{v}{2} = mv \times \frac{v}{2}$$

$$\frac{1}{2}mv_0^2 + Fs = \frac{1}{2}mv^2 \ (\because \text{일-운동 에너지 정리})$$

$mv_0 \times \dfrac{v}{2}$ 을 $\dfrac{1}{2}mv_0^2$ 으로 쓴 이유는 쓴 평균 속도를 적용할 때 처음 속도를 0으로 단순화했기 때문입니다. 처음부터 정지된 물체를 전제한 운동량 – 충격량 정리를 사용하면 평균 속도를 $0 + Ft = mv$ 양변에 곱하면 되기 때문에 $Fs = \dfrac{1}{2}mv^2$ 이 되어 결국 일과 운동 에너지는 같은 차원이며 운동 에너지의 형태도 알 수 있습니다.

$$E_\text{k} = \frac{1}{2}mv^2 \ (\because \text{운동 에너지})$$

충격량은 힘의 시간적 누적	$\times \dfrac{v}{2}$	일은 힘의 공간적 누적
Ft	$\dashrightarrow$	Fs
충격량은 운동량의 변화량		일은 운동 에너지의 변화량
$Ft = mv - mv_0$	$\dashrightarrow$	$Fs = \dfrac{1}{2}mv^2 - \dfrac{1}{2}mv_0^2$
운동량-충격량 정리		일-운동 에너지 정리
$mv_0 + Ft = mv$	$\dashrightarrow$	$\dfrac{1}{2}mv_0^2 + Fs = \dfrac{1}{2}mv^2$

일과 운동 에너지의 관계도 결국 돈거래를 적용할 수 있습니다. 단, 재산(돈)에 해당하는 운동 에너지의 형태만 따로 기억해 두면 됩니다.

문제 1

마찰이 없는 수평면에서 속도 5m/s로 움직이는 질량 2kg의 물체에 운동 방향으로 75J의 일을 했을 때 물체의 최종 속도는 얼마인가?

돈의 형태가 $\frac{1}{2}mv^2$이라는 것만 적용하면 거래(일) 전 물체의 재산은 $\frac{1}{2}\times2\times5^2=25$J이므로 25만 원 입니다. 그리고 거래를 통해 75만 원을 받았기 때문에 거래 후 최종 재산은 100만 원이 됩니다. 이제 이것을 다시 운동 에너지 형태로 바꾸면 $\frac{1}{2}\times2\times v^2=100\rightarrow v=10$m/s이 됩니다.

문제 2

질량 1kg의 물체가 속도 10m/s에서 20m/s로 가속할 때, 운동 방향으로 5N의 힘이 작용했다면 물체의 이동 거리는 얼마인가?

물체의 처음 운동 에너지는 50J($\frac{1}{2}\times1\times10^2$), 일을 받고 난 후 나중 운동 에너지는 200J($\frac{1}{2}\times1\times20^2$)입니다. 50만 원이 거래 후 200만 원이 되었으니 거래 금액은 150만 원입니다. 150만 원은 5만 원권으로 30장이 됩니다. → $s=30$m

일-운동 에너지 정리에 관한 문제도 다양하게 출제할 수 있습니다. 물체가 일을 받기 전 처음 운동 에너지를 묻거나 세부적 요소인 물체의 처음 속도 또는 질량을 물을 수도 있습니다. 일을 받을 때 힘이나 이동 거리, 일을 받고 난 후의 물체의 운동 에너지 및 나중 속도, 질량 등 물을 수 있는 요소는 너무나 다양하지요. 하지만 이것보다는 운동량-충격량 정리와 운동 에너지-일 정리 사이를 넘나들 수 있다는 것에 초점을 맞춰 보시기 바랍니다. 문제 2 상황에서 질문을 살짝 바꿔보겠습니다.

질량 1kg인 물체가 속도 10m/s에서 20m/s로 가속할 때, 운동 방향으로 5N의 힘이 작용했다면 물체가 받은 충격량은 얼마인가?

문제 조건만으로는 충격량을 바로 구할 수 없습니다. 따라서 일-운동 에너지 관계로 매듭을 풀어야 합니다.

거래를 했더니 재산이 50만 원에서 200만 원이 되었습니다. 따라서 거래 금액은 150만 원이므로 금액권 5만 원×30개로 구성됩니다. 결국 물체는 5N의 힘을 30m 동안 받은 것입니다. 충격량을 구하기 위해서는 힘과 힘의 누적 시간이 필요합니다. 따라서 '이동 거리=평균 속도×시간'을 이용합니다. 힘을 받아 속도가 10에서 20으로 변했기 때문에 30m를 평균 속도 15m/s($\leftarrow \frac{10+20}{2}$)로 이동한 것입니다. 따라서 운동 시간은 2초입니다. 결국 힘을 받은 시간이 2초인 것이죠. 최종적으로 5N의 힘으로 2초간 힘을 받았으니 물체가 받은 충격량은 10N·s입니다.

물체의 가속도(a)도 구해봅시다. 가속도는 두 가지 방법으로 구할 수 있습니다. ①물체의 운동 변화를 분석하여 시간당 물체의 속도 변화

$(a=\dfrac{v-v_0}{t})$를 이용하는 방법, ②뉴턴의 법칙을 이용해 물체의 질량과 힘의 비율$(a=\dfrac{F}{m})$로 구하는 방법입니다.

① 2일 동안 재산이 10만 원에서 20만 원으로 10만 원이 증가했으므로 하루에 번 돈은 5만 원입니다. $(\dfrac{20-10}{2}=5\text{m/s}^2)$ 이제 뉴턴의 법칙으로도 확인해 보면, ②1kg의 물체에 5N의 힘을 가했으므로 이에 따른 변화의 정도는 역시 5m/s^2로 $(\dfrac{5\text{N}}{1\text{kg}}=5\text{m/s}^2)$ 어느 방법으로 구해도 결론은 똑같습니다.

마지막으로 가속도를 기준으로 현재의 물리적 상황을 재해석해 보겠습니다. 물체는 현재 10으로 운동하는데, 1초에 속도가 5씩 더해집니다. 따라서 1초 후 15m/s, 2초 후 5가 더 더해져 20m/s가 된 것입니다. 이는 처음에 10만 원을 가진 상태에서 5만 원씩 2일 일해 번 돈을 구하는 과정과 동일합니다.$(v=v_0+at)$

가속도에서 속도, 속도에서 운동량 충격량, 그리고 운동 에너지-일 간의 관계로 차원을 높이면서 문제를 출제할 수도 있고, 이와 반대로 차원을 줄여가며 문제를 출제할 수도 있습니다.

정리

변화하는 양

① 가속도 → (시간당) 속도 변화량

② 충격량 → 운동량 변화량

③ 일 → 운동 에너지 변화량

가속도부터 에너지까지

① a

$\downarrow \times t$ (가속도가 시간적으로 누적되면 속도가 된다.)

② $a \times t = v$

$\downarrow \times m$ (질량을 곱해 주체를 물체로 바꾸면 충격량-운동량이 된다.)

③ $ma \times t = mv$

$\rightarrow Ft = mv$

$\downarrow \times \dfrac{v}{2}$ (평균 속도를 곱해주면 일-운동 에너지가 된다.)

④ $F \times \dfrac{v}{2} t = m \times \dfrac{v}{2} v$

$\rightarrow Fs = \dfrac{1}{2} mv^2$

수학적으로는 ① → ④ 과정은 적분, ④ → ① 과정은 미분으로 구한다.

질량이 같은 두 물체 A와 B를 같은 높이에서 하나는 공중에, 다른 하나는 마찰이 없는 경사면에 두고 손을 동시에 놓으면 두 물체가 지면에 닿는 순간의 속력은 어떻게 될까요?

놀랍게도 A와 B의 속력은 똑같습니다. 참고로 속도는 속력(빠르기)과 방향을 모두 포함하는 개념이기 때문에 속력이 똑같더라도 A와 B의

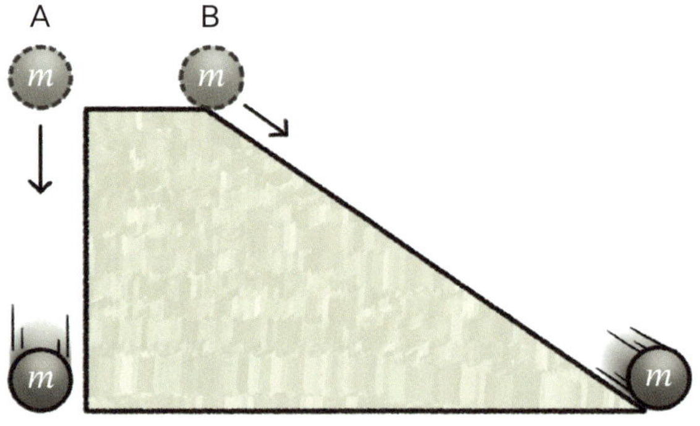

운동 방향이 다르므로 속도는 서로 다릅니다. 여기에서는 방향은 고려하지 않고 오직 빠르기, 즉 속도의 크기인 속력만 고려하겠습니다.

두 물체가 지면에 닿을 때 속력이 똑같다는 근거는 공중과 경사면 위에 각각 놓은 A와 B를 아래로 떨어지게 만드는 원인을 보면 쉽게 알아낼 수 있습니다. 바로 중력입니다. 현재 A와 B는 질량이 같기 때문에 A와 B에 작용하는 중력의 크기가 같습니다. 그리고 중력은 지구 중심 방향으로 작용하기 때문에 A와 B 모두 수직 아래 방향으로 작용합니다.

주의할 점은 B의 경우 경사면으로 내려오고는 있지만 중력이 B에 한 일은 중력이 수직 방향으로 작용한 거리만 적용된다는 것입니다. 결국 똑같은 질량의 물체를 똑같은 크기의 중력으로 똑같은 높이만큼 잡아당기는 것이므로 결과 역시 같을 수밖에 없는 것이죠.

A와 B가 출발하는 지면에서의 높이를 h라고 하면 두 물체를 끌어당기는 중력이 한 일은 $mgh(F \times s)$가 됩니다. 이 일로 물체 A와 B는 운동 에너지를 갖게 되지요.

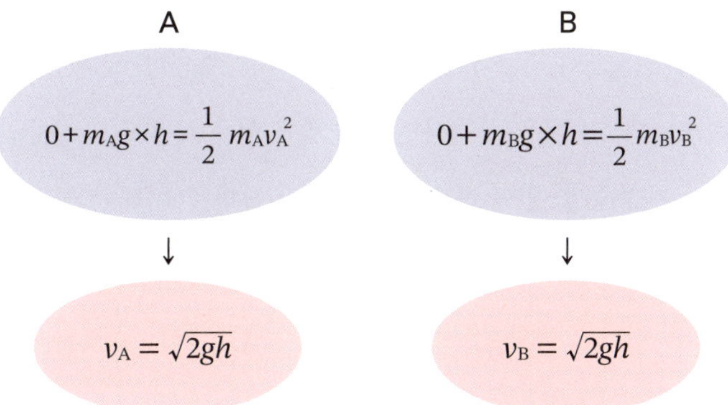

같은 높이에서 자유 낙하하는 물체 A와 마찰이 없는 경사면을 내려오는 물체 B의 지면에 닿기 전 최종 속력은 $v = \sqrt{2gh}$로 똑같습니다.

③ 지면에 닿을 때 속력이 결정된다

$$v = \sqrt{2gh}$$

① 누가(지구)   ② 얼마만큼 당겼는지에 의해

지면에 닿기 전 최종 속력을 결정하는 요인은 중력가속도(g)와 중력이 일한 거리(h)에만 관련 있습니다. 당연한 이야기지만, 지구가 없다면 중력이 존재하지 않으므로($g=0$) 영원히 지면에 도달하지 않습니다. 반대로 아무리 큰 중력이 작용한다고 해도 애초에 A와 B가 지면에 놓여 있다면($h=0$) 중력이 한 일이 0이 되므로 지면에 그대로 있을 뿐 낙하하지 않습니다.

그렇다면 자유 낙하하는 물체와 경사면을 내려오는 물체와의 차이는 무엇일까요? 바로 지면에 도착하는 시간입니다. 자유 낙하하는 물체의 가속도는 그대로 g이지만 경사면을 내려오는 물체의 가속도는 g보다 작습니다. 그 이유는 경사면도 물체에 힘을 작용하기 때문입니다.

수평 지면에 놓인 물체들도 하나같이 질량에 비례한 중력을 받고 있지만, 지면을 뚫고 지구 중심으로 빨려 들어가는 일은 일어나지 않습니다. 바로 중력과 반대 방향으로 힘을 가해 중력의 효과를 상쇄하는 지면의 힘이 존재하기 때문입니다.

　이처럼 지면이 물체의 중력만큼 힘을 가해 물체를 떠받드는 힘을 수직항력이라고 합니다. 수직항력이란 물체와 접촉한 면이 물체에 수직 방향으로 작용하는 힘입니다. 그래서 이름에 '수직'이 붙었고, '항력'은 저항하는 힘이란 뜻으로 물체가 면에 접촉해 있을 때 면이 파괴되지 않고 형태를 유지하기 위해 물체에 힘을 가해 맞선다는 의미입니다.

　수평 지면에 물체가 놓여 있는 경우 물체에 작용하는 수직항력은 정확하게 물체의 무게와 같습니다. 그러나 기울어진 지면이 물체에 가하는 수직항력은 기울어진 정도가 커질수록 면과의 접촉 강도가 줄어들어 작아집니다.

　이는 어렵지 않게 유추해 낼 수 있습니다. 기울기가 0인 상태(수평)에서 지면은 물체의 무게를 온전히 다 지탱해야 합니다. 그러나 기울기가 커질수록 지탱해야 할 무게가 점점 줄어들고, 이윽고 기울기가 $90°$가 되면(물체 입장에서 받쳐주는 면이 없다면) 지면과의 접촉이 사라져 수직항력이 0이 되어 물체는 수직 낙하합니다.

　이러한 수직항력의 특성 때문에 수직항력을 구하는 공식은 따로 존재하지 않습니다. 접촉 정도에 따라 수직항력이 달라지기 때문입니다. 결국 접촉면 위에 올려진 물체가 운동 상태의 변화가 없는 힘의 평형 상태가 되었을 때, 물체에 작용하는 여러 힘들을 서로 상쇄하여 수직항력의 크기를 간접적으로 알아낼 수 있습니다.

　다시 경사면으로 돌아가 보겠습니다. 벽에 기대어 있으면 온전히 서 있을 때보다 다리에 힘이 덜 들어가 편해집니다. 다리는 상체에 해

당하는 중력(상체의 무게)을 지탱하는데, 상체가 벽에 기대어 있으면 상체가 벽에 가하는 힘만큼 벽이 수직항력을 상체에 전달합니다. 상체 일부를 벽이 들어주는 효과가 발생하는 것이죠.

경사면에서도 마찬가지입니다. 오로지 중력만 작용했을 때의 중력 가속도가 g라면, 경사면이 받치는 물체는 수직항력이 중력의 효과를 일부 상쇄해서 g보다 작은 가속도(a)가 발생합니다. 마치 질량이 작은 물체가 낙하할 때 공기 저항력이 중력의 효과를 상쇄시키는 것과 같습니다. 따라서 자유 낙하하는 물체가 1초에 10씩 빨라진다면, 경사면에서의 물체는 경사면 기울기에 따라 다르긴 하지만 1초에 10보다는 느리게 빨라집니다.

그렇다면 어떻게 A와 B는 지면에 닿을 때 똑같은 속력이 될까요? 바로 수직 낙하 거리와 경사면의 길이 차이 때문입니다. A의 중력은 높이에 해당하는 짧은 이동 거리만큼 누적되어 A에게 일을 합니다. 그 결과가 A의 운동 에너지로 전환되지요.

반면 B는 수직항력이 중력의 효과를 상쇄합니다. 즉 중력보다 작은 힘이 긴 거리만큼 일을 해 B의 운동 에너지로 전환됩니다. 따라서 속력이 똑같아지기까지 시간이 더 걸리는 것입니다.(지금부터 높이 h 대신 A와 B의 이동 거리를 모두 s로 표현하고, 글자의 크기로 길고 짧음을 나타내겠습니다. 마찬가지로 힘(F) 역시 글자 크기로 크고 작음을 나타내겠습니다.)

이제 평균 속력을 이용하면 두 물체의 낙하 시간을 알 수 있습니

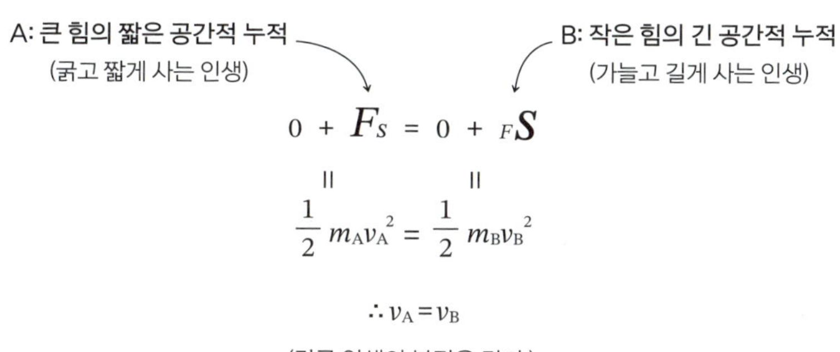

$$0 + F_s = 0 + {}_F S$$

$$\frac{1}{2}m_A v_A{}^2 = \frac{1}{2}m_B v_B{}^2$$

$$\therefore v_A = v_B$$

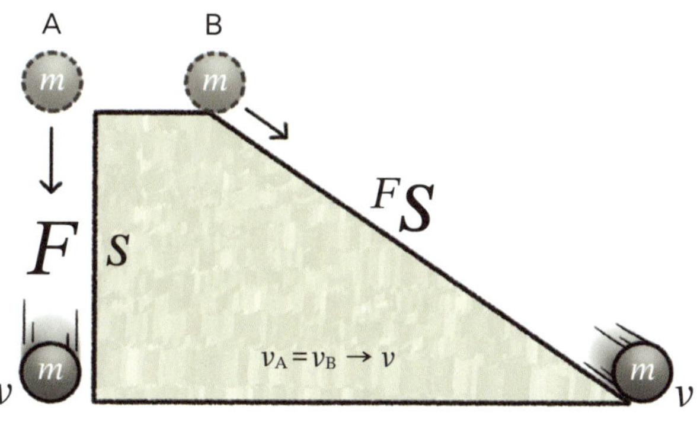

일-운동량 정리

다. A와 B는 모두 처음 속력과 나중 속력이 각각 0과 v로 똑같아 평균 속력마저도 $\frac{v}{2}$로 똑같습니다. 결국 같은 평균 속력 $\frac{v}{2}$로 짧은 거리를 이동한 A는 시간이 적게 걸리고, 긴 거리를 이동한 B는 시간이 오래 걸립니다. (18쪽 '금액이 정해지지 않은 경우' 참고)

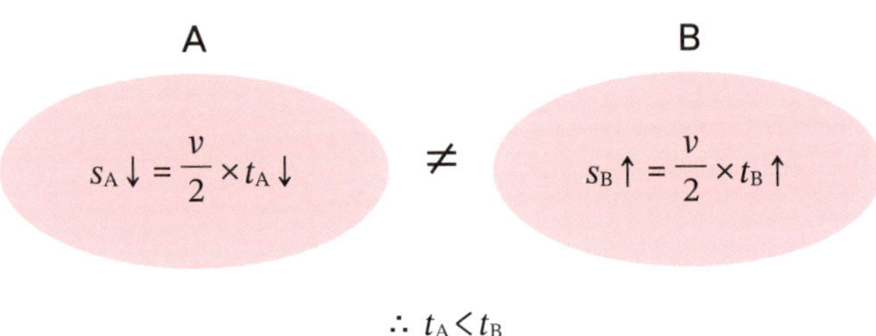

$$\therefore\ t_\text{A} < t_\text{B}$$

이제 운동 시간을 알았으니 각각의 가속도를 적용하면 최종 속력이 같아진다는 것을 다시 한번 확인할 수 있습니다. 가속도(g)가 큰 A는 짧은 시간 동안 가속되고, 가속도(a)가 작은 B는 그만큼 오랫동안 가속되므로 결국 두 물체의 최종 속력은 같아집니다. (18쪽 '금액이 정해진 경우' 참고)

$$\therefore\ g > a,\ t_\text{A} < t_\text{B} \rightarrow v_\text{A} = v_\text{B}$$

이 과정을 돈에 비유하면 일시불과 할부라고 볼 수 있습니다. 일시불은 한 번에 전액을 모두 지불하는 방식이고, 할부는 총금액을 여러 번에 나눠 지불하는 방식입니다. 다시 말해 일시불은 지불할 금액이 큰 대신 지불 횟수가 단 한 번인 반면, 할부는 지불 금액이 적은 대신 지불 횟수가 많아 시간에 따라 분산해서 지불합니다.

가격이 5만 원인 물건을 구입할 때 5만 원권 한 장으로 지불하는 것보다 1만 원권으로 한 장씩 지불하면 시간 소요가 길어지는 것과도 같습니다. 만약 1천 원권으로 금액권을 더 낮추면 50번을 지불해야 하므로 지불 시간은 더욱 길어지지요. 결국 금액권이 작아질수록 지불 시간이 늘어나므로 금액권의 크기는 경사면의 기울기에, 개수는 물체의 운동 시간에 해당합니다.

$$\text{물건 값} = \text{금액권} \times \text{개수} \; (v = a \times t)$$

경사면의 기울기 ↙　　　↘ 지불 횟수(시간)

경사면에서 기울기가 커질수록(금액권↑) 낙하 시간은 짧아지고(개수↓), 경사면의 기울기가 작아질수록(금액권↓) 낙하 시간은 길어지는(개수↑) 관계 때문에 같은 높이에서 자유 낙하하는 물체와 경사면을 굴러 내려온 물체의 최종 속력이 똑같아지는 것입니다.

중요한 것은 결제 방식의 차이이지 지불하는 총금액(속력)은 똑같다는 점입니다. 결국 낙하하는 높이가 같다면 자유 낙하든 경사면에서의 운동이든 지면에 도달하는 최종 속력은 똑같습니다. 많은 사람이 경사면에서 굴러 내려오는 물체가 같은 높이에서 낙하하는 물체보다 바닥에 도달하는 데 시간이 더 오래 걸리기 때문에 바닥에서의 최종 속력도 낙하하는 물체보다 느릴 것이라고 생각합니다. 이는 마치 할부로 사면 당장 지급할 돈이 적기 때문에 물건을 더 싸게 산다는 착각을 하는 것과 같습니다.

하지만 실제로는 할부로 물건을 구입하면 일시불로 구입하는 것보다 오히려 더 많은 돈을 지불합니다. 보통 할부 기간에 따른 이자나 카드 수수료를 내기 때문이죠. 이 역시 앞서 배운 세금과 같은 개념입니다. 실제로 공기 저항과 마찰이 있으면 자유 낙하의 공기 저항력보다 경사면에서의 마찰력이 더 크고, 긴 경사면을 이동하면서 마찰력의 영향을 더 오랫동안 받게 되므로 자유 낙하 물체보다 경사면을 내려온 물체의 최종 속력이 더 작아집니다. 결국 현실에서는 경사면을 타고 내려온 물체의 속력이 같은 높이에서 낙하한 물체의 속력보다 느린 것은 맞지만, 이렇게 되기까지의 인과 관계를 제대로 도출해 냈는지는 확인할 필요가 있는 것이지요.

경사면: 할부와 일시불(2)

같은 높이에서 질량이 같은 두 물체 A와 B의 자유 낙하와 경사면 운동을 운동량 – 충격량으로 해석해 봅시다.

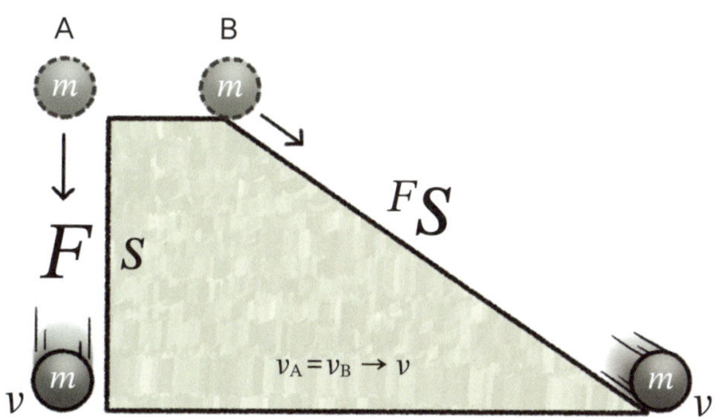

① A에 작용하는 힘(중력) > B에 작용하는 힘(경사면 방향 힘)

$\rightarrow F_A > F_B$

② A의 가속도: $a_A(=g)$ > B의 가속도: a_B

→ ①에 의해 $F_A > F_B$ → $ma_A > ma_B$ → $a_A > a_B$

③ A의 지면 도착 시간 < B의 지면 도착 시간

→ ②에 의해 $t_A < t_B$

④ A가 중력으로부터 받은 충격량 = B가 경사면에서 힘으로 받은 충격량

→ $F_A t_A = F_B t_B$

※ ① $F_A > F_B$와 ③ $t_A < t_B$ 동시 적용

⑤ 운동량 – 충격량 정리

A: 큰 힘의 짧은 시간적 누적   B: 작은 힘의 긴 시간적 누적
   (굵고 짧게 사는 인생)   (가늘고 길게 사는 인생)

$$0 + F_A t_A = 0 + F_B t_B$$
$$\| \qquad \qquad \|$$
$$mv_A = mv_B$$

$$\therefore v_A = v_B$$

(결국 인생의 본질은 같다)

결론적으로 같은 높이에서 자유 낙하하는 물체 A와 경사면에서 운동하는 물체 B는 받은 충격량의 크기가 같으므로 물체가 지면에 도달할 때 운동량이 같아 최종 속력도 같습니다.

※ ② $a_A > a_B$, ③ $t_A < t_B$을 동시에 적용해서 유도하는 것도 가능

→ $a_A t_A = v = a_B t_B$

이제 마지막 질문이 하나 남았습니다. 만약 A와 B의 질량이 다를 경우에는 어떻게 될까요?

결론부터 말하자면 달라지는 것은 없습니다. 질량이 다른 물체의 자유 낙하 때와 똑같은 상황이기 때문입니다. 앞에서 질량이 큰 물체는 그만큼 세게, 질량이 작은 물체는 그만큼 약하게 잡아당기기 때문에 힘의 효과는 똑같다고 배웠지요.

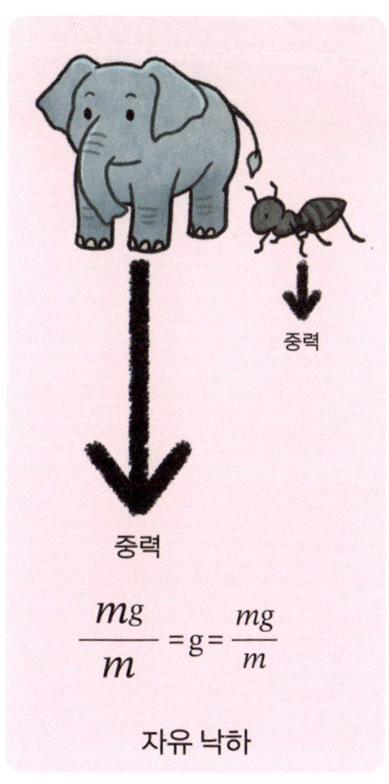

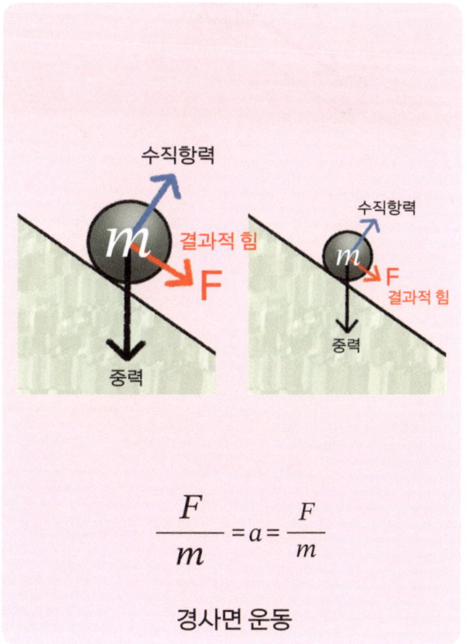

경사면에 놓인 질량이 큰 물체는 큰 중력이 작용해서 경사면을 강하게 누릅니다. 이 때문에 경사면이 대응하는 수직항력도 커지므로 경사면 방향으로 작용하는 힘이 큽니다. 반면 같은 기울기 경사면에 놓인 질량이 작은 물체는 작은 중력과 작은 수직항력에 의해 경사면 방향으로 작용하는 힘 역시 작습니다. 따라서 같은 기울기의 경사면에서 작용하는 힘은 물체의 질량에 따라 달라지기 때문에 이에 따른 결과인 가속

기울기가 같은 경사면	기울기가 다른 경사면

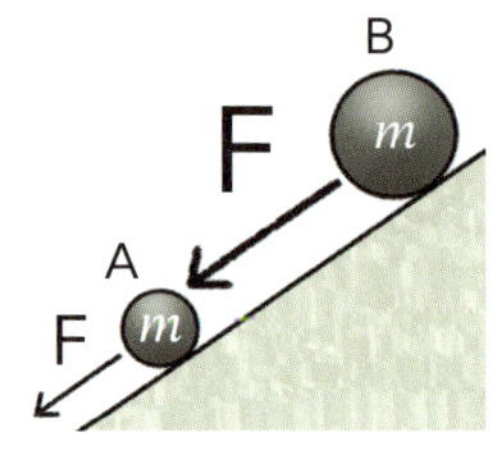

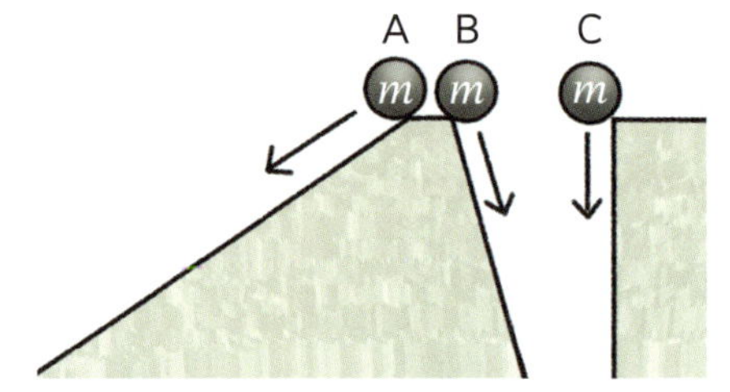

가속도 차이는 경사면의 기울기에 의해 결정된다.

A : 긴 경사면을 작은 가속도로 오래 이동하여 지면에 가장 늦게 도착

B : A와 C의 중간 상황

C : 짧은 거리를 큰 가속도로 이동하여 지면에 가장 먼저 도착

가속도는 물체의 질량과 관계없다.

$$\frac{F}{m} = \frac{F}{m} \rightarrow a_A = a_B$$

- 지면 도착 시간 : $t_A > t_B > t_C$
- 지면에서의 속력 : $v_A = v_B = v_C$

도는 질량과 관계없이 같습니다. 결국 기울기가 같은 경사면의 동일 위치에 놓인 물체는 질량과 관계없이 똑같은 속력으로 내려옵니다.

126쪽으로 되돌아가 높이 h에 있는 물체가 낙하해 지면에 닿을 때 일-운동 에너지 관계로 구한 물체의 최종 속력을 다시 한번 살펴보겠습니다.

$$A: 0 + mg \times h = \frac{1}{2}mv^2$$

$$\downarrow$$

$$v = \sqrt{2gh}$$

최종 속력을 구하는 과정에서 양변의 질량이 약분되어 사라집니다. 결국 자유 낙하든 경사면에서의 운동이든 물체의 최종 속력은 물체의 질량과 무관하며, 오직 힘의 근원(g)과 힘이 누적되는 높이(h)에 의해 결정됩니다. 경사면의 기울기는 물체의 실제 이동 거리를 결정짓기 때문에 운동 시간의 차이를 만들어낼 뿐입니다.

5장

전자기학 이해하기

전자기학의 핵심(1): 정지 전하

　이번 장에서는 전자기학에 등장하는 '전력 수송'과 '손실 전력'을 앞선 내용과 마찬가지로 돈과 거래의 개념을 통해 이해하려고 합니다. 그러려면 일단 전기와 자기에 대한 기본 지식이 필요합니다. 지금부터 전자기학의 핵심 사항 3가지인 정지 전하, 등속도 전하, 가속 전하를 살펴보겠습니다.

　전기는 물질을 구성하는 기본인 '원자'에서 출발합니다. 원자는 원자핵과 전자로 구성되고, 원자핵은 양성자와 중성자로 구성됩니다. 원자를 구성하는 입자들의 이름은 전기적 특성에 따라 지어졌습니다. 양성자는 (＋)전기, 전자는 (－)전기를 띠고 중성자는 전기를 띠지 않습니다. 즉 양성자와 중성자로 구성된 원자핵은 결과적으로 (＋)전기를 띠고, 원자핵 주변을 돌고 있는 전자는 (－)전기를 띠고 있는 것이죠. 이들의 전체 전기 총량은 같아서 결국 원자는 전기를 띠지 않습니다.

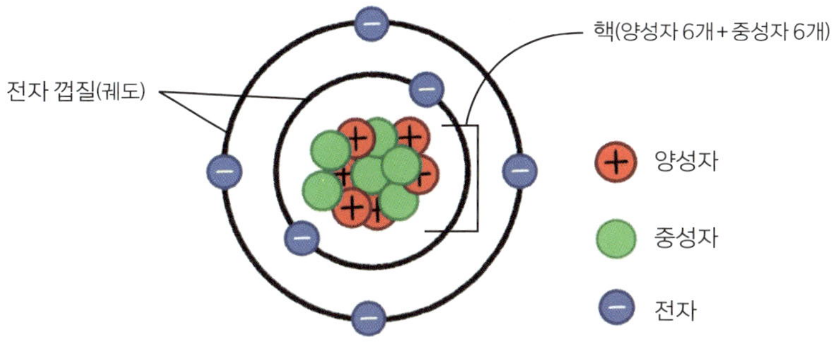

탄소의 원자 모형

그런데 원자는 전자를 얻거나 잃곤 합니다. 전자의 이동에 따라 전자 개수가 원래와 달라지는 순간 원자의 전기적 중성 상태는 깨지게 됩니다. 원자가 전자를 잃으면 (−)전기가 부족해져 (+)전기를 띠는 반면, 원자가 전자를 얻으면 (−)전기가 많아져 (−)전기를 띠는 식입니다. 이처럼 전자의 개수 차이로 인해 (+) 또는 (−)전기를 띠게 된 원자를 따로 '이온'이라고 부릅니다.

그렇다고 원자가 아무렇게나 전자를 잃거나 얻는 것은 아닙니다. 전자를 잃거나 얻는 것에는 규칙이 있으며 이는 원자의 종류에 따라 다르지요. 이 규칙을 표로 정리해 놓은 것이 바로 외울 필요가 없지만 누구나 한 번쯤 외워야 했던 주기율표입니다.

이제 원자에서 전자가 나가고 들어오는 개수에 따라 전기의 양을 나타낼 수 있습니다. 하지만 아쉽게도 전자기학이라는 학문은 전기의 근원인 원자에서부터 출발하지 못했습니다. 전기는 정전기 현상과 같이 현상 자체는 경험할 수 있으나 그 실체는 눈에 보이지 않기 때문입니다. 전기의 정체를 제대로 알기까지는 역사적으로 많은 시행착오가 있었지요. 이러한 착오가 제대로 밝혀지기까지 걸린 시간이 너무나 길었기 때문에 이미 사람들의 머릿속에 박힌 전기에 대한 오해를 바로잡기란 매우 어려운 일이었습니다.

가장 유명한 오해가 전류의 방향인데, 전지를 기준으로 '전류는 (+)에서 (−) 방향으로 흐른다'라고 설정한 것입니다. 하지만 실제 전류는 (−)전기를 띤 전자의 이동에 의한 것으로 밝혀졌습니다. 그럼에도 불구하고 오늘날까지도 전류의 방향이 이에 맞게 수정되지 않은 채 기존의 정의를 그대로 사용하고 있습니다. 뒤늦은 변경으로 더 큰 혼란이 생기는 일을 막기 위해서지요. 이 이야기를 통해 말하고 싶은 것은 물리학자들이 전기를 제대로 알아내기까지 과정이 험난했던 것처럼, 우리가 전기를 배울 때도 그 험난함을 고스란히 답습해야 한다는 것입니다.

그럼 이제 본격적으로 전자기학에 관해 알아볼까요? 우선 '전하'라는 개념을 살펴보겠습니다. 전하는 쉽게 말하면 전기를 지칭하면서 그 양까지 나타낼 수 있도록 설정한 개념입니다. 물론 오늘날 밝혀진 것과 같이 전자 1개당 (−)전기 1개, 양성자 1개당 (+)전기 1개로 나타내면 전기의 양 자체를 셀 수 있는 개수로 편하게 나타낼 수 있지만, 원자를 상상할 수 없었던 시대에 전기 개념을 정립하다 보니 전하의 기준이 매우 어렵게 정의된 면이 있습니다.

전하량(Q)의 기준인 1C(쿨롱)은 오늘날 기준으로 6.25×10^{18}개의 전자 또는 양성자가 모여야 하는 양입니다. 이 엄청난 숫자를 보면 역시나 전자나 양성자의 존재를 전혀 상상하지 못했다는 것을 알 수 있습니다. 1C을 전자 개수 6.25×10^{18}로 나누면 전자 1개당 전하량은 $1.6 \times 10^{-19}C$이 되는데 이 역시 엄청나게 작은 수가 되지요. 전하량의 기본 설정을 거시적으로 측정 가능한 전류, 즉 1초 동안 1A의 전류가 흐를 때 흐르는 전하량으로 정했기 때문입니다.

간단히 말하자면 전하는 그냥 '전기'라고 생각하면 됩니다. 전하에는 딱 두 종류, (+)전하, (−)전하가 있는데 각각 (+)전기, (−)전기를 의미합니다. 그리고 양성자의 전하량은 $+1.602 \times 10^{-19}C$, 전자의 전하량은 $-1.602 \times 10^{-19}C$입니다. 그나마 다행인 점은 오늘날에는 양성자와 전자의 전하량($1.602 \times 10^{-19}C$)을 e로 간단히 나타내고 이를 기본 전하량으로 따로 정해 사용한다는 것입니다.

다시 말해 양성자 1개의 전하량은 $+e$, 전자 1개의 전하량은 $-e$로 나타내고, 이를 각각 상대적인 $+1$, -1의 크기로 이해하면 됩니다. 이제야 전자 1개가 옮겨 갈 때 이동하는 전기의 양을 e의 개수로 나타낼 수 있게 되었습니다.

전하끼리는 서로 전기적 상호작용인 전기력이 작용합니다. 같은 종류의 전하 사이에서는 서로 밀어내는 힘을, 다른 종류의 전하 사이에서는 서로 끌어당기는 힘을 작용하지요. 문제는 전기력이 서로 접촉한 상태에서만 작용하는 것이 아니라 거리가 떨어져 있어도 작용한다는 데 있습니다. 이 말은 곧 힘이 작용하는 범위도 정해야 한다는 뜻입니다. 이를 물리학에서는 장(field)이라는 개념으로 설명합니다.

전하에 의해 전기력이 작용할 수 있는 범위를 시공간적으로 나타낸 것이 전기장(E)입니다. 장은 전기뿐만 아니라 원거리에서 작용하는 다른 힘에도 사용되는데, 앞에서 배운 중력과 자석의 힘을 나타내는 자기력의 영향 범위를 정의할 때도 쓰이지요. 이를 각각 중력장(g), 자기장(B)이라고 합니다.(참고로 중력장을 나타내는 g는 앞서 살펴본 중력가속도 $g \fallingdotseq 10\mathrm{m/s}^2$입니다. 이는 중력장 범위 안에 들어온 물체는 모두 1초에 10씩 빨라지도록 힘을 받는다는 의미입니다.) 전하량이 클수록 그 주변에는 더 강한 전기장이 형성되고, 중력장도 이와 마찬가지로 별과 같이 질량이 큰 물체의 주변일수록 더 강하게 형성됩니다.

　(+), (−) 종류와 관계없이 전하가 있으면 그 자체로 전기를 띱니다. 너무나 당연한 이야기다 보니 더 멋진 표현으로 '전하 주변에 전기장이 형성된다'라고 말하지요. 그런데 전하가 일정한 빠르기로 움직이면 전기장뿐만 아니라 자기장도 함께 형성된다는 것이 밝혀졌습니다. 분명 자기장은 자석의 힘이 미치는 공간입니다. 그런데 아무리 눈을 씻고 봐도 자석은 없고 오직 일정한 속력으로 움직이는 전하만 있는 곳에서 자기장이 생긴다는 것입니다. 결론은 간단합니다. 전하가 움직이면 자석이 된다는 것이죠.

　전하가 등속도로 운동하는 것이 전류이므로 결국 흐르는 전류 자체가 자석입니다. 이를 '전류의 자기 작용'이라고 합니다. 흔히 보는 전기선과 전기 코드 역시 전류가 흐르면 자석이 되지요. 실제 전류의 자기장은 덴마크의 과학자 외르스테드가 전류 실험을 하다가 우연히 근처에 있는 나침반 바늘이 움직이는 것을 보고 발견했습니다.

하지만 일반적인 전기 코드에는 센 전류가 흐르지 않으므로 주변의 철과 같은 물질이 달라붙을 정도로 강한 자기장이 형성되지 않아 자석의 성질을 느끼기는 어렵습니다. 따라서 전선을 여러 번 감아 코일을 만든 다음 전류를 흘려보내는 방식으로 자기장을 누적한 '솔레노이드형 전자석'을 만들어 자석의 효과를 극대화합니다.

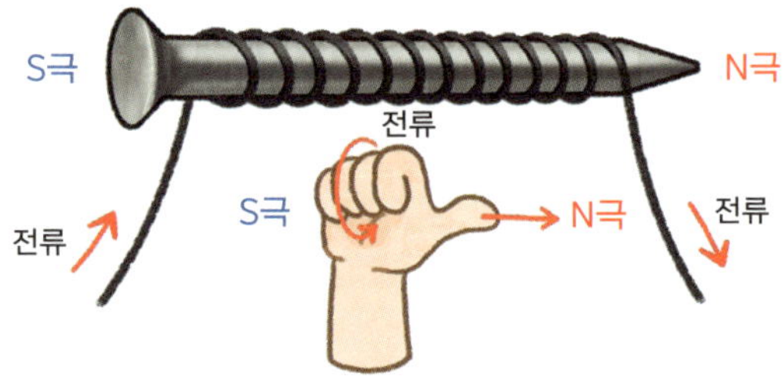

못에 코일을 여러 번 감아 만든 솔레노이드. 전류가 흐르면 전자석이 된다.

전하가 등속 운동을 하면 자석이 된다고 하니 막대자석이 왠지 위험해 보이기도 합니다. 그럼 도대체 막대자석에는 어떻게 전류가 흐르고 있을까요? 바로 영구 자석을 구성하는 원자의 전자 운동에 의해 전류가 흐르는 효과가 발생하는 것입니다. 전자는 원자핵 주위를 공전하는 궤도 운동과 제자리에서 자전하는 스핀 운동을 하는데, 전자는 (−)전하를 띠는 입자이므로 이러한 전자의 운동은 원자 수준에서 발생하는 전류의 흐름과 같습니다.

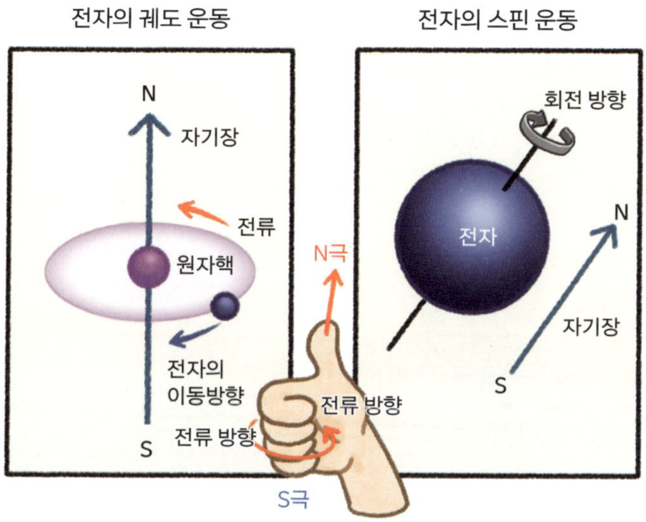

전류의 방향은 전자 회전 방향과 반대 방향이다.

자성(자기를 띠는 성질)이 나타나는 원인을 전자의 운동으로 설명한다면, 세상의 모든 물질은 원자로 구성되어 있으므로 존재하는 모든 것이 전부 자석이어야 할 것입니다. 하지만 실제로는 그렇지 않은 이유는 자기화의 방향 때문입니다.

일반적인 물질들은 전자가 운동하는 원자 자석들이 불규칙하게 배열되어 있어 각 원자 자석의 자성이 서로 상쇄되므로 전체적으로는 자성을 띠지 않습니다. 반면 영구 자석은 원자 자석들이 같은 방향으로 정렬해 있어 자성이 상쇄되지 않고 누적되므로 항상 자성을 띠는 것입니다. 영구 자석을 떨어뜨리거나 충격을 가하면 자석이 약해지는 이유는 외부 충격에 의해 원자 자석들의 배열이 흐트러지기 때문입니다.

전류가 자석이 된다는 사실에 고무된 마이클 패러데이는 원인과 결과를 정반대로 적용해 보았습니다. 즉 전선에 전류를 흘려주는 대신, 전선 주변에서 자기장을 변화시키는 실험을 한 것입니다. 자기장을 변화시키기 위해 전선을 여러 번 감은 코일 주변에 자석을 가까이하고 멀리하는 것을 반복했습니다. 그러자 놀랍게도 전원 장치가 없는 전선 뭉치인 코일에 전류가 흘렀습니다. 거꾸로 자석이 전기를 만들어낸 것이죠. 이를 '전자기 유도'라고 합니다.

코일 주변 자기장이 변할 때 코일에 전류가 흐르는 이유는 변화를 최소화하거나 기존 상태를 유지하려는 자연의 성질(관성) 때문입니다. 자기력을 막을 수 있는 것은 자기력밖에 없으므로 변하는 자기장을 막으려면 코일이 자석이 되어야 하는 것이죠. 그래서 코일에 전류가 흐르는 것입니다. 결국 '전류가 흘러야 자석이 된다'라는 원리기 반대 원인에 의해 다시 적용된 것뿐입니다. 특히 코일 주변에 자석이 가까워지거

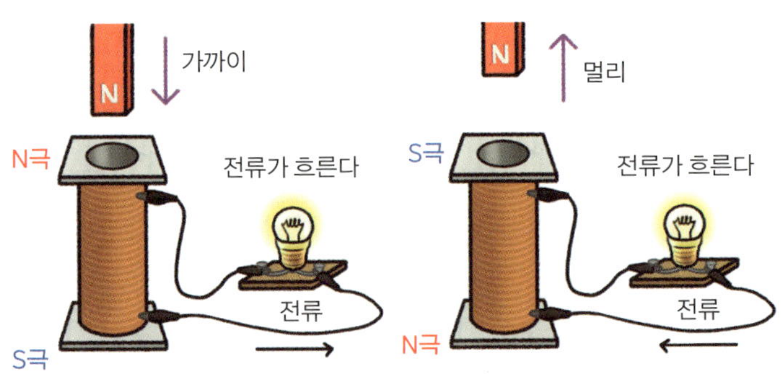

전자기 유도 실험

나 멀어지면서 자기장의 방향이 변할 때마다 코일도 이에 대응해 N극·S극이 변하는 자석이 되기 때문에 코일에 유도되는 전류는 방향이 수시로 변합니다.

코일과 코일 앞에서 왕복 운동을 하는 자석을 세트로 묶으면 전기를 생산하는 발전기가 됩니다. 코일에는 자석의 왕복 운동에 따라 전류의 방향이 계속 바뀌는 전기가 생산되는데, 이를 교류(AC)라고 합니다. 일반 가정에 들어오는 220V 전원에서 흐르는 전류가 교류입니다. 이에 반해 건전지나 배터리 같은 전원은 전류가 일정한 방향으로 흐르는 직류(DC)가 흐릅니다.

'전류의 자기 작용'과 '전자기 유도'를 실용화한 장치가 각각 '전동기(모터)'와 '발전기'입니다. 전동기는 전기 에너지를 운동 에너지로, 발전기는 운동 에너지를 전기 에너지로 전환하는 일종의 교환 장치인데 두 기기의 구조는 완벽하게 같습니다. 전동기와 발전기는 영구 자석 안에 회전할 수 있는 코일이 들어가 있습니다. 코일에 전류가 흐르면 코일이 자석이 되어 영구 자석과 서로 밀거나 당기는 자기력에 의해 코일이 회전합니다. 반대로 코일 자체를 돌리면 코일 주변에서 영구 자석에 의한 자기장이 변하기 때문에 코일에 전류가 흐릅니다. 결국 같은 기기에 전기 에너지와 운동 에너지 중 무엇을 먼저 입력하느냐에 따라 전동기인지 발전기인지가 결정되는 것입니다.

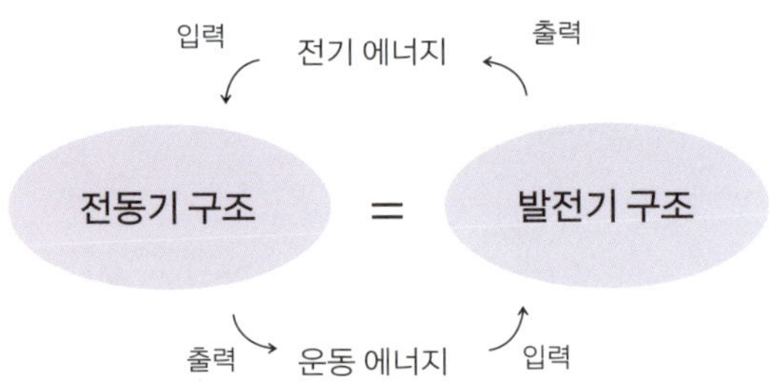

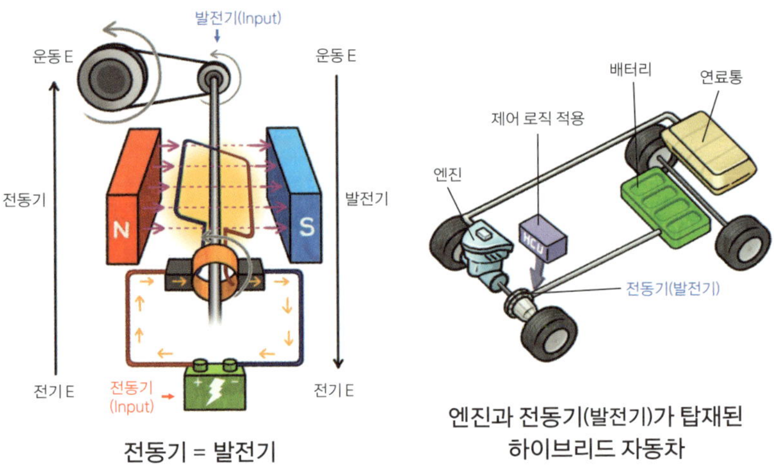

전동기 = 발전기

엔진과 전동기(발전기)가 탑재된
하이브리드 자동차

이런 일이 가능한 이유는 단 하나의 원리가 적용되기 때문인데, 바로 '전하의 운동'입니다. 전기 에너지를 입력하면 코일 속 전하의 운동(전류)에 의해 자석이 된 코일과 영구 자석 사이의 밀고 당기는 자기력으로 코일이 회전합니다. 이에 반해 운동 에너지를 입력해서 코일을 직접 돌리면, 코일을 구성하는 원자의 전자들이 강제로 움직이게 되어 역시 전자 하나하나가 자석이 됩니다. 또다시 영구 자석의 밀고 당기는 자기력 때문에 전자들이 코일 내에서 집단으로 이동하는 흐름이 발생합니다. 이것이 바로 전류입니다.

이 원리는 하이브리드 자동차에서 가장 잘 활용됩니다. 하이브리드 자동차는 가솔린 엔진과 전동기(모터)를 동시에 장착합니다. 먼저 엔진을 동력으로 자동차를 운행하면 바퀴에 연결된 모터가 강제로 회전하면서 발전기가 됩니다. 이때 생산되는 전류는 배터리에 충전되어 저장됩니다. 배터리 충전이 완료되면 엔진 동력을 차단하고 배터리의 전류로 모터를 돌려 자동차를 운행합니다. 배터리가 방전되면 다시 엔진 동력을 이용해 자동차를 운행하고, 동시에 또다시 발전이 시작되지요. 따라서 전동기와 발전기를 각각 따로 탑재할 필요가 없습니다.

전하가 가속 운동을 하면 시간에 따라 변하는 자기장이 형성됩니다. 그런데 재미있게도 변하는 자기장은 다시 변하는 전기장을 만들어 냅니다. 이렇게 변하는 전기장과 자기장은 서로를 재생산하거나 소멸시키면서 일정한 속도(3×10^8 m/s)로 공간에 퍼져 나가는데 이것이 바로 빛입니다. 다시 말해 빛의 정체는 전기와 자기에 의한 파동인 전자기파(Electro-Magnetic wave)인 것이죠. 전하가 가속할 때 진동하는 정도에 따라 라디오파, 마이크로파, 적외선, 가시광선, 자외선, X-선, 감마선과 같은 방사선까지 다양한 에너지를 가진 전자기파가 만들어집니다.

공중파 방송이나 라디오는 방송국마다 고유의 주파수(진동수)로 방송을 송출합니다. 참고로 진동수(f)는 물리학에서 사용되는 학문적 용어이고, 주파수(f)는 통신 분야에서 사용되는 공학적 용어입니다. 따

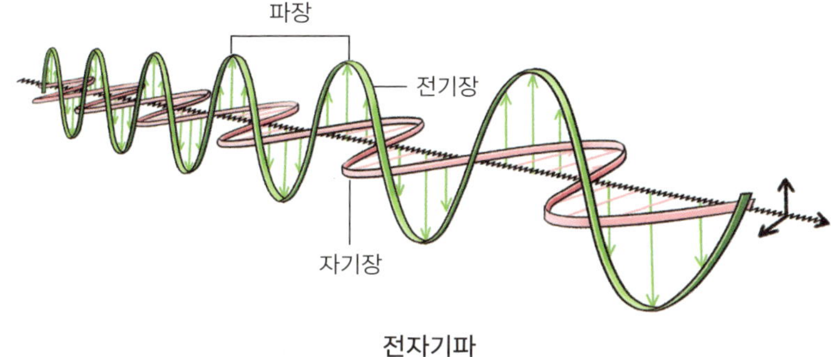

전자기파

라서 이 둘은 같은 말이며 영어로는 둘 다 frequency라고 씁니다. 하지만 번역이 통일되지 않아 우리나라에서는 혼재되어 쓰이고 있습니다.

FM 방식의 라디오 방송은 주로 100MHz(메가헤르츠) 범위의 주파수를 사용합니다. 이는 전자가 1초에 1억 번 진동(가속)한다는 것을 의미하며, 방송국 안테나 속 전자들의 진동으로 만들어지는 전자기파를 이용합니다. 이렇게 만들어진 전자기파(라디오파)는 빛의 속력으로 나아가고, 여기에 음성 정보를 실어 방송을 하는 것입니다.

전자가 1초에 1억 번이나 진동한다는 사실에 놀랄 필요는 없습니다. 우리가 일상에서 흔히 사용하는 통신 방식인 블루투스나 Wi-Fi는 대개 2.4GHz~5GHz(기가헤르츠) 주파수를 사용하기 때문입니다. 이 주파수는 1초에 전자가 24억 번~50억 번 진동해서 만들어지는 전자기파(마이크로파)로 무선 이어폰과 무선 인터넷 통신, IoT 기기 등에 폭넓게 사용되고 있지요.

우리 눈에 보이는 전자기파인 가시광선은 약 430THz(테라헤르츠)

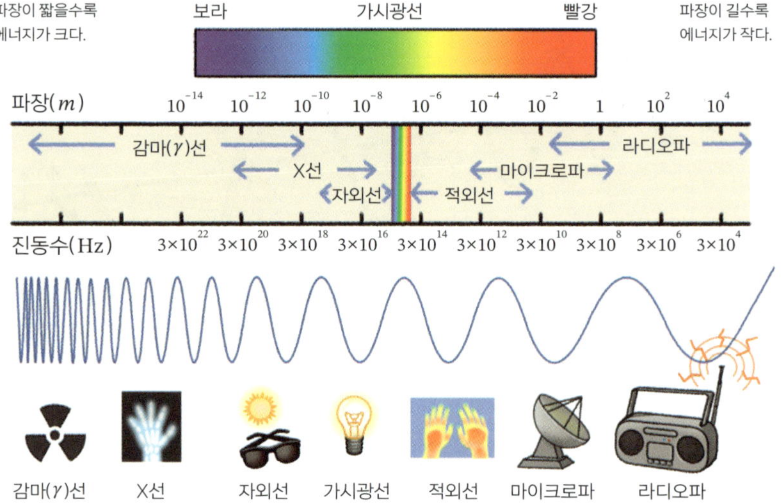

전자기파의 종류와 이용

에서 750THz 범위의 전자 진동에 의해 만들어집니다. 이 말은 1초에 전자가 진동하는 횟수가 430조 번에서 750조 번이라는 뜻입니다. 참고로 430THz 진동하는 전자가 만들어낸 빛은 빨간색, 750THz 진동하는 전자가 만들어낸 빛은 보라색으로 보입니다.

아주 오래전부터 아무렇지 않게 사용했던 전구, 형광등, 손전등 같은 간단한 기기도 이 정도의 전자 진동을 만들어냅니다. 여러분도 전자를 손에 쥐고 흔들면 다른 도구 없이 개인 방송을 할 수 있습니다. 또한 빛도 직접 만들어낼 수 있습니다. 방송을 할 때는 1초에 1억 번, 빛을 내려면 1초에 500조 번 팔을 흔들기만 하면 됩니다.

전자기학 핵심 사항

정지 전하	등속도 전하	가속 전하
일정한 전기장 형성	일정한 전기장(E) 형성 일정한 자기장(B) 형성	변하는 전기장(ΔE) 형성 변하는 자기장(ΔB) 형성

◆ 전하가 정지해 있으면 전기만 띤다.

◆ 전하가 등속 운동하면 자석이 된다.

◆ 전하가 가속 운동하면 빛이 된다.

발전기와 교류, 배터리와 직류

발전소의 발전기에서 만들어져 가정으로 공급되는 220V-60Hz 전기는 교류(AC)입니다. 60Hz는 1초에 60번 전류의 방향이 바뀐다는 의미로 자석을 코일 안에서 1초에 60번 회전시켜 만듭니다. 그런데 거의 모든 전기 기기는 교류가 아닌 직류(DC) 전원을 사용해야 합니다. 1초에 60번씩 정신없이 전류가 바뀌는 교류는 전기적 충격을 발생시켜 전기 기기에 손상을 주기 때문입니다. 따라서 전기 기기를 안정적으로 사용하려면 교류를 안정적인 직류로 바꾸는 과정이 필수입니다. 이를 정류(整流) 작용이라고 합니다. 그래서 가정용 전원(220V)에 코드를 연결해 사용하는 전기 기기는 정류 작용을 담당하는 다이오드 부품이 필수로 들어갑니다.

다이오드와 소형 변압기를 내장하고 있는 부품을 어댑터(adapter)라고 합니다. 주로 소형 가전제품에서 쉽게 찾아볼 수 있는데, 기기 본체 안에 어댑터를 넣을 공간이 없어 대부분 밖으로 드러나 있기 때문입니다. 반면 대형 가전제품은 어댑터 부분을 본체 안에 넣을 수 있어서 전선으로만 구성된 일반 코드를 사용합니다.

그럼 '거의 모든 전기 제품이 교류가 아닌 직류를 사용하는데, 애초에 발전소에서 직류로 전기를 공급하면 되지 않을까?'라는 생각을 해볼 수 있습니다. 그러면 모든 전기 기기에서 다이오드나 어댑터를 없앨 수 있겠지요. 그럼에도 불구하고 발전소는 교류 방식 발전을 고수하고 있습니다. 그 이유는 바로 교류가 직류보다 장거리 송전 시 발생하는 전력 손실을 크게 줄일 수 있다는 장점이 있기 때문입니다.

다이오드가 들어가 교류를 직류로 바꾼다.

내부는 전선으로만 구성된다.

교류 발전의 장점은 발전기를 이용해 전기를 대량 생산할 수 있고, 변압기를 이용해 전압을 쉽게 변경할 수 있다는 것입니다. 이 덕분에 생산한 전기를 각 가정에 보낼 때 전력 손실을 크게 줄일 수 있지요. 그러나 교류 전기는 배터리에 저장할 수 없고 진동하는 전기에 의해 전자기파가 발생합니다. 흔히 교류에 의한 전자기파는 '전자파'로 알려져 있으며 인체에 미치는 유해성에 대한 논의가 50년 넘게 진행되어 왔지만, 아직까지도 명확한 인과 관계는 밝혀지지 않았습니다.

자외선(10^{14}Hz 이상)이나 방사선(10^{16}Hz 이상)에 해당하는 높은 진동수의 전자기파는 에너지가 높고 투과력이 강해서 세포핵 속 DNA까지 손상을 일으킵니다. 이 손상된 DNA 정보를 기반으로 세포가 복제 분열되면 암세포가 되는 것이지요.

그러나 60Hz(1초에 60번) 정도의 저주파 진동은 에너지가 매우 작아서 세포를 통과하거나 세포에 손상을 주기가 어렵습니다. 반면 이보다 진동수가 큰 고주파 전자기파(MHz~GHz 단위)를 사용하는 휴대폰, Wi-Fi, 블루투스와 같은 기기들은 2011년 WHO에서 2B군(발암 가능성이 있는 물질)으로 분류되었습니다. 다만 오늘날에는 거의 모든 사람이 무선 통신 환경에 일상적으로 노출되어 있기 때문에 고주파 전자기파와 암 발생 사이의 직접적인 관련성을 명확히 밝혀내기는 매우 어렵습니다.

아무튼 대중에게 전자파로 알려진 것의 실체는 전자기파(Electro Magnetic Wave)이며, 원래 전자파라는 말은 양자역학에서 입자인 전자의 파동성을 설명하는 용어입니다. 즉 '전자파는 인체에 해로울 수 있음', '전자파 인증 제품'과 같이 '전자기파'가 '전자파'로 잘못 쓰이고 있는 것이죠.

직류는 전류의 방향이 변하지 않아 전력을 안정적으로 공급할 수 있고, 축전기와 배터리를 이용해 전기 에너지를 저장할 수 있는 것이 최대 장점입니다. 하지만 교류에 비해 전압 변환이 어렵고 장거리 전송에 많은 전력 손실이 발생하므로 비효율적이라는 문제가 있죠.

19세기 말 전력 전송의 표준을 놓고 니콜라 테슬라는 교류를, 토머스 에디슨은 직류를 주장하면서 대립했는데 이 사건을 '전류 전쟁'이라고도 부릅니다. 결국 장거리 전송에 효율적인 교류 방식이 선택되어 니콜라 테슬라가 승리했지만, 오늘날 휴대성과 이동성이 강조되는 전기 기기 사용이 급증하면서 배터리에 의한 전력 공급이 중요해지자 직류 전원 공급 방식이 재조명받고 있습니다.

　전기 에너지를 1초 단위로 끊어낸 개념을 전력(P)이라고 합니다. 간단히 말해 전기세를 계산하기 위해 전기 에너지의 초당 단가를 매기는 개념으로 생각하면 편합니다. 참고로 전력의 단위로는 W(와트)를 사용합니다.

③ 전력 ↰

$$P = VI$$

① 몇 볼트 전기를 ↘　↙ ② 얼마나 썼나?

　발전소에서 단위 시간 동안 만들어 공급하는 전력($P=VI$)도 위와 동일합니다. ②의 내용을 '얼마나 만들었나?'로 바꾸면 생산 전력이 되기 때문입니다. 발전기로 만든 전력을 전기 소비자에게 보내는 것을 송

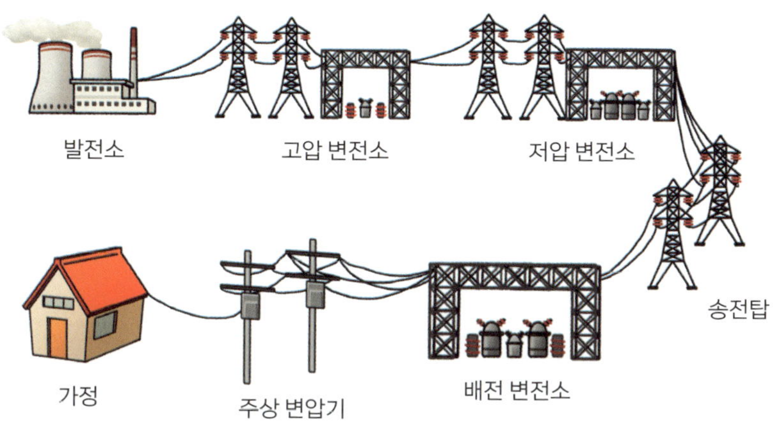

송전 과정

전(送電)이라고 하는데, 이 과정에서 많은 양의 전력이 손실됩니다. 그 이유는 전선에 저항이 있기 때문입니다. 전선 자체의 저항은 크지 않지만, 발전소에서 가정까지의 거리가 매우 멀어 긴 거리 동안 저항이 누적되므로 그 영향을 무시할 수 없게 되지요.

저항이 r인 전선에 전류 I가 흐를 때 전선에 걸리는 전압은 $V_{전선}$ $=Ir$이 됩니다. 이는 전기 분야의 뉴턴 법칙이라 불리는 옴의 법칙(Ohm's law)을 적용한 것인데, 가속도의 발생 원인이 힘인 것과 마찬가지로 전류의 발생 원인은 전압이기 때문입니다. 반대로 생각해서 저항이 r인 전선에 전류 I를 흐르게 하려면 전선에 $V_{전선}=Ir$만큼의 전압이 걸려야 합니다.

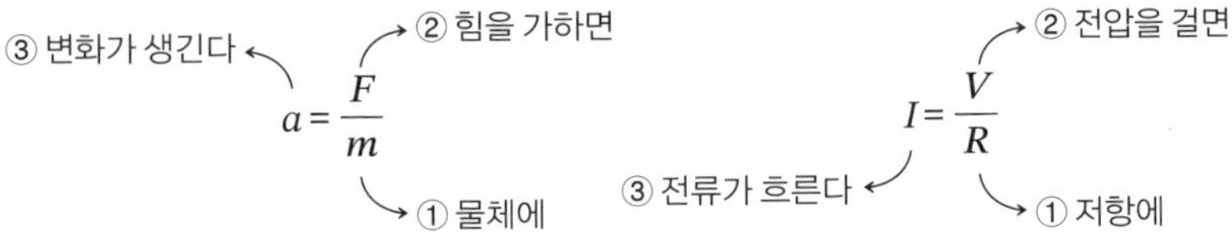

전선 자체에서 낭비되는 전력, 즉 손실 전력은 $P_{손실}=V_{손실}I=I^2r$로 전류의 제곱에 비례하고 전선의 저항에 비례합니다.

$$P_{손실}=I^2r$$

따라서 각 가정에서 사용할 수 있는 소비 전력은 발전소의 생산 전력에서 가정까지 오는 데 손실된 손실 전력을 뺀 양입니다.

$$P_{소비}=P_{생산}-P_{손실} \rightarrow =V'I'-I^2r$$

(V': 발전소 송전 전압, I': 발전소 송전 전류, I: 전선에 흐르는 전류, r: 전선의 저항)

전선에서의 손실 전력은 열에너지로 전환되어 사용할 수 없게 되므로 소비할 수 있는 전력을 높이려면 손실 전력($P_{손실}=I^2r$)을 줄여야 합니다. 따라서 ①전선의 저항을 줄이거나($r\downarrow$) ②전선에 흐르는 전류를 줄이는($I\downarrow$) 방법을 생각해 볼 수 있습니다.

먼저 전선의 저항을 줄이려면 저항이 작은 금속으로 만들거나 직경을 굵게 만들어야 합니다. 전선의 재료인 구리보다 저항을 작게 할 수 있는 대표적인 금속은 은입니다. 하지만 은은 가격도 훨씬 비싸고 내구성도 구리보다 약해서 실용성이 떨어집니다.

그럼 두 번째로 구리 전선을 굵게 만드는 방법은 막대한 양의 구리가 들어서 효율적이지 못합니다. 그뿐만 아니라 송전선을 지하에 매설하지 않고 송전탑 사이 공중에 전선을 걸어 설치하는 구조에서는 송전선의 무게가 무거워질수록 단선될 위험성이 커집니다.

이를 예방하려면 송전탑 개수를 늘려 송전탑 사이의 간격을 줄여야 하는데, 송전탑 같은 구조물이 많아지면 생활에 방해 요인이 될뿐더러 도시의 경우 설치할 공간 자체가 부족합니다.

결국 전선의 저항을 줄이기는 어려우므로 전류를 줄여($I\downarrow$) 송전하는 쪽이 가장 현실적인 방법입니다. 실제로 전류를 2배 줄이면 손실 전력은 전류의 제곱에 비례하므로 4배, 전류를 10배 줄이면 손실 전력은 100배나 줄어듭니다.

전압을 변화시키는 장치를 변압기라고 합니다. 변압기의 구조는 단순합니다. 초등학교 때 만들었던 전자석 2개를 가까이 두기만 하면 완성됩니다. 이를 각각 1차 코일과 2차 코일이라고 합니다. 선원을 연결하여 전력을 제공하는 것이 1차 코일(입력), 1차 코일에 의해 전류가 유도되는 코일이 2차 코일(출력)입니다.

변압기의 핵심은 교류입니다. 1차 코일에 교류를 입력하면 1차 코일은 1초에 60번 N극과 S극이 바뀌는 전자석이 됩니다. 이때 2차 코일

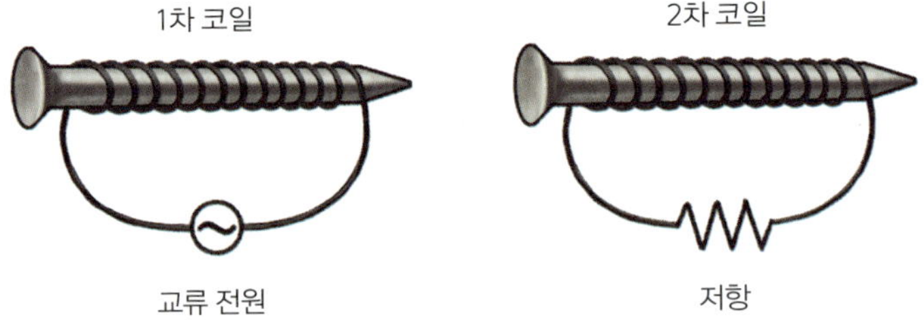

164

을 1차 코일 근처에 놓으면 1차 코일의 자기장 변화(N극과 S극이 바뀌는 효과)로 2차 코일에 전자기 유도가 발생해(자석을 넣었다 뺐다 하는 효과) 전류가 흐릅니다. 이때 2차 코일은 1차 코일의 입력 전압을 바꾸는 용도로 활용됩니다.

예를 들어 1차 코일과 2차 코일에 각각 코일을 1회씩만 감은 후 1차 코일에 1V의 전압을 걸어 교류를 흘려주면, 2차 코일의 1회 감긴 코일 고리에도 1V의 전압이 걸려 전류가 흐릅니다. 2차 코일에 1회 감긴 코일을 1개 더 추가하면, 감긴 코일 고리 1개마다 각각 1V의 전압이 걸리므로 2차 코일에는 총 2V의 전압이 걸립니다.

이러한 이유로 2차 코일에 코일을 3회 감으면 각각 감긴 코일 고리 1V씩 총 3V의 전압이 걸리고, 100회 코일을 감으면 각각 1V씩 총 100V의 전압이 걸립니다. 결국 2차 코일의 감은 수를 늘리거나 줄이는

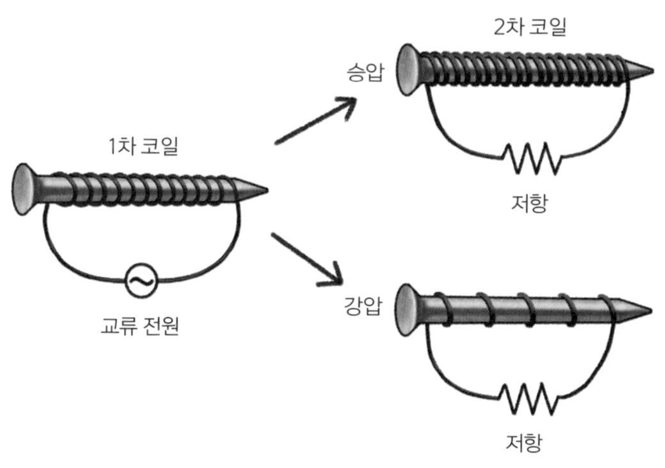

방식으로 1차 코일과는 다른 전압을 만들어낼 수 있습니다.

2차 코일에 코일을 감은 횟수가 1차 코일에 비해 많은 경우 2차 코일에는 1차 코일보다 높은 전압이 유도됩니다. 이를 승압 변압기라고 합니다. 반대로 2차 코일에 코일을 감은 횟수가 1차 코일에 비해 적으면 2차 코일에는 1차 코일보다 낮은 전압이 유도되는데, 이를 강압 변압기라고 합니다.

실제 변압기는 공간을 절약하기 위해 ▣ 모양 철심 양쪽에 코일을 감습니다. 핵심은 1차 코일 대비 2차 코일의 감은 수(N)에 비례해서 2차 코일에 전압이 유도된다는 사실입니다.

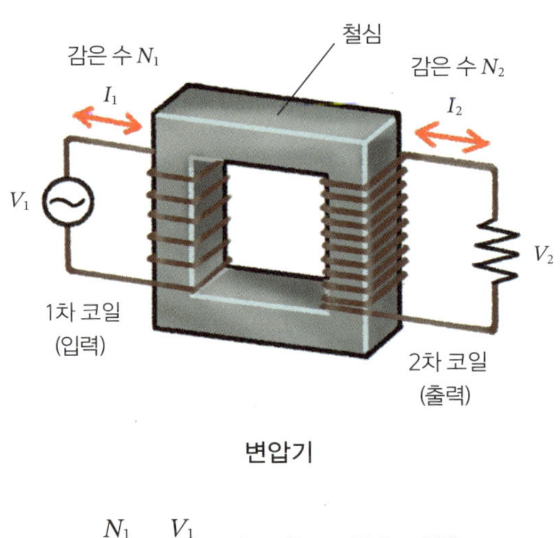

변압기

$$\frac{N_1}{N_2} = \frac{V_1}{V_2}, \quad P_1 = P_2 \rightarrow V_1 I_1 = V_2 I_2$$

이렇게만 보면 승압을 했을 때 전압이 높아지므로 전기가 공짜로 생기는 것 같지만, 세상에 공짜는 없습니다. 1차 코일과 2차 코일의 전력이 같기 때문입니다.($P_1 = P_2$) 따라서 2차 코일의 감은 횟수를 늘려 높은 전압($V_2\uparrow$)을 유도하면 그만큼 2차 코일에 흐르는 전류($I_2\downarrow$)는 줄어듭니다.(18쪽 '금액이 고정된 경우' 참고)

$$V_1 I_1 = V_2 \uparrow I_2 \downarrow$$

(금액 고정 = 금액권 $\uparrow$ × 개수 $\downarrow$)

변압기를 이용해 높은 전압으로 전력을 송전하면 적은 전류로 같은 양의 전력을 송전할 수 있으므로 전선에서의 전력 손실($I^2\downarrow r = P_{손실}\downarrow$)을 줄일 수 있습니다. 모든 전기 제품에 어댑터를 없앨 수 있다는 장점이 있는데도 발전소에서 교류 방식으로 전력을 송전하는 이유는 교류를 이용하면 변압기를 이용해서 전압을 변경하는 방식으로 전류의 양을 쉽게 조절할 수 있기 때문입니다.

③ 쓸 수 있는 전력이 늘어난다

$$V'_1 I'_1 - I_2^2 r \downarrow = P_{소비} \uparrow$$

① 발전소로부터 나오는 전력에서

② 전선에서의 손실 전력을 줄이면

우리나라도 1960년대 초반까지는 110V를 사용했지만, 경제 개발과 산업화에 집중하면서 고용량 전력 소비가 늘어 전력 전달의 효율성을 높이기 위해 220V로 승압했습니다. 전압을 2배 늘린 만큼 전선에서 흐르는 전류는 $\frac{1}{2}$배가 되므로 전력 손실이 $\frac{1}{4}$배로 줄어드는 것이죠. 이런 원리라면 높은 전압으로 송전할수록 전력 손실을 극단적으로 줄일 수 있습니다. 실제로 발전소는 154,000V~345,000V까지 전압을 높여 송전하지만, 가정으로 오는 과정에서 여러 변전소를 거쳐 220V까지 떨어뜨립니다. 그 이유는 안전과 관련이 깊습니다. 높은 전압에 감전될수록 많은 전류가 흘러 매우 치명적이기 때문입니다.

여기서 정확하게 구분해야 하는 것이 있습니다. 전압을 높여 전류가 줄어드는 것은 발전소와 변전소 내 변압기에서 일어나는 일로 에너지(전력) 보존 법칙과 관련된 것이고, 일정한 저항에 전압이 높게 걸려 많은 전류가 흐르는 것은 감전 사고 때 사람에 일어나는 일로 옴의 법칙에 해당합니다.

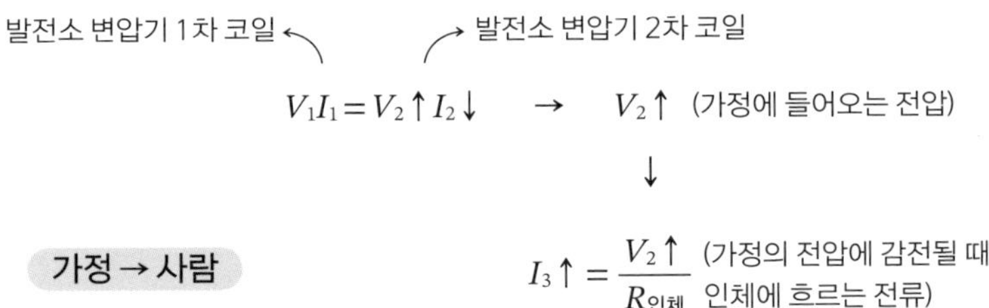

※송전선에서 흐르는 전류 ($I_2{\downarrow}$)와 높은 전압에 감전되어 인체에 흐르는 전류 ($I_3{\uparrow}$)는 다른 전류다.

　　높은 전압에 감전되면 많은 전류가 인체에 흐릅니다. 전류는 강한 근육 수축과 과도한 열을 유발하므로 심장이 파열되거나 및 모든 신경계가 타버리는 치명적인 결과가 생길 수 있습니다. 전기는 편리한 만큼 위험성도 높으므로 사용할 때 안전에 만전을 기해야 합니다.

송전 시 전력이 손실되는 과정은 은행에서 돈을 환전해 오는 상황으로 비유하면 쉽게 이해할 수 있습니다. 은행에서 내 계좌에 있는 돈을 적절한 금액권으로 찾아 최대한 돈을 분실하지 않고 무사히 집까지 돌아오는 과정을 떠올려봅시다. 이 과정은 총 두 단계로 구분해야 하는데, '지폐 환전 과정'과 '돈을 가지고 집에 오는 과정'입니다.

지폐 환전 과정(변압기)

자신의 통장에서 찾고자 하는 출금액을 은행에 요청하면, 은행은 요구한 금액을 한 치 오차 없이 정확하게 지급합니다. 이때 고객은 받고자 하는 돈의 금액권을 지정할 수 있지요. 당연히 지정한 금액권에 따라 지폐 개수가 달라지지만, '금액권 × 개수'인 총 출금액은 달라지지 않습니다. 출금할 때 금액권은 전압(V), 개수는 전류(I)에 해당합니다.

따라서 총 출금액은 전력($P=VI$)이 됩니다.

변압기에서 1차 코일의 입력 전력(P_1)과 2차 코일을 통해 출력되는 전력(P_2)이 똑같은 이유($P_1=P_2$)는 은행에 맡겨놓은 돈을 고스란히 찾는 것과 같기 때문입니다. 단, 2차 코일의 감긴 횟수(N)는 바로 고객이 요구하는 금액권(V)에 해당하므로 2차 코일에 코일이 감긴 횟수($N\uparrow$)가 많을수록 큰 금액권($V\uparrow$)으로 출금을 요구하는 것과 같습니다. 따라서 개수($I\downarrow$)는 줄어들 수밖에 없지요.

이와 반대로 2차 코일에 코일이 감긴 횟수가 줄어들면 작은 금액권($V\downarrow$)으로 출금을 요구하는 것과 같으므로 개수($I\uparrow$)는 많아집니다. 따라서 1차 코일의 입력 전력과 2차 코일의 출력 전력은 서로 같습니다.($V_1\uparrow I_1\downarrow = V_2\downarrow I_2\uparrow$)

출금 과정에서 은행이 수수료를 챙기지 않는 한 1차 코일과 2차 코일 사이의 전력은 보존됩니다. 하지만 실제로도 수수료를 지불해야 하는 상황이 있습니다. 예를 들어 은행 업무 시간 외에 출금할 때는 수수료가 붙기도 합니다.

마찬가지로 변압기에도 '저항'의 존재 때문에 열이 발생하므로 2차 코일에서 전력 손실이 발생합니다. 하지만 거의 모든 물리학 문제에서는 변압기 내에서 전력 손실은 없다고 가정합니다. '변압기에서 에너지 손실은 없다고 가정한다.', '단, 변압기에서 열은 발생하지 않는다.'라는 문구로 수수료 없는 이상적 변압기를 전제하는 것이죠.

돈을 찾아 집에 오는 과정

여러분이 은행에서 출금액 10,000원을 1만 원권 1장으로 출금해

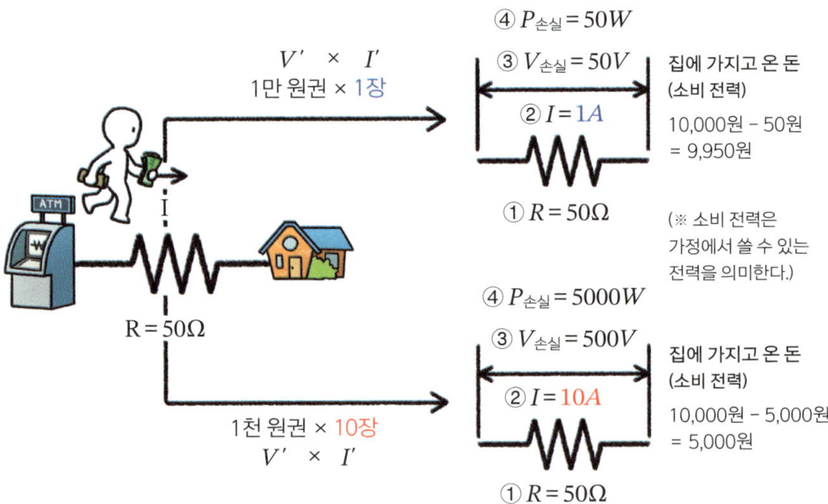

올 때와 1천 원권 10장으로 출금해 올 때, 각각 길에서 벌어지는 상황을 상상해 볼까요? 길이 험한 정도를 전기 저항으로 비유하고 이 크기를 50Ω이라고 가정하겠습니다. Ω(옴)은 저항의 단위입니다.

$$I' = I, \ V_{손실} = IR(③ = ② \times ①), \ P_{손실} = V_{손실}I(④ = ③ \times ②)$$

먼저 1만 원권(V')×1장(I')을 출금하는 상황을 살펴보겠습니다. 그림을 보면 은행에서 가지고 나온 1장(I')으로부터 저항이 ①$50\Omega$인 전선에 ②$1A$의 전류가 흐른다는 것을 알 수 있습니다. 따라서 ①과 ②를 곱하면 전선에 걸린 전압은 ③$V_{손실} = 50V$입니다. 여기서 중요한 것은 전선에서의 손실 전압($V_{손실} = 50V$)과 변압기에서 출금하는 금액권인 2차 코일의 전압($V' = 10,000V$)을 혼동하면 안 된다는 것입니다. 2차 코일의 전압은 은행이고, 손실 전압은 길 위에서의 상황이기 때문입니다.

이제 길이 험한 탓에 분실한 돈을 구합니다. 이것이 곧 전선이 먹어버리는 손실 전력입니다. 길에서의 금액권 ③$V_{손실} = 50V$과 개수 ②$1A$를 곱하면 손실 전력 ④$P_{손실} = 50W$을 구할 수 있습니다. 1만 원권 1장을 은행에서 출금해서 집까지 올 때 길에서 분실한 돈이 50원이므로 결국 집에서 쓸 수 있는 돈은 9,950원이 됩니다. 이 돈이 실제로 소비할 수 있는 소비 전력입니다.($P_{소비} = V'I' - I^2R$)

그럼 1천 원권(V')×10장(I')을 출금할 때는 어떻게 달라질까요? 은행에서 가지고 나온 10장(I')으로부터 ①$50\Omega$ 전선에 ②$10A$의 전류

가 흐른다는 것을 알 수 있습니다. 전선에 걸리는 손실 전압은 ①×②
=③$V_{손실}$=500V이며, 따라서 손실 전력은 ③×②=④$P_{손실}$=5000W
입니다. 1천 원권 10장으로 출금하면 길에서 분실한 돈이 5,000원이나
되므로 10,000원을 출금해 와도 정작 쓸 수 있는 돈은 5,000원밖에 되
지 않습니다.($P_{소비}=V'I'-I^2R$)

결국 똑같은 길을 지나더라도 돈의 개수가 많을수록 분실할 위험
이 커진다는 뜻입니다. 극단적으로 10,000원을 출금할 때 10원짜리 금
액권 1,000개로 들고 온다고 생각해 보겠습니다. 양손 가득 돈을 들어
도, 주머니란 주머니에 돈을 집어넣어도 옮겨야 할 돈이 넘쳐날 것입니
다. 이런 상태로 길을 가다 보면 분명히 돈을 길에 흘릴 것이고, 돈을
주우려다 주머니에 들어 있던 돈마저 쏟아지면서 사방에 돈이 굴러다
니거나 하수구에 빠지는 '열 받는' 상황이 펼쳐지겠지요.(열에너지가 발
생하는 순간입니다.) 반면 큰 금액권으로 출금해서 돈의 개수를 줄이면
아무리 길이 멀고 험해도 몇 안 되는 돈을 꽉 쥐고 이동하면 되기 때문
에 분실 위험은 그만큼 줄어들 것입니다.

이러한 일이 일어나는 이유는 전압과 전류의 실체 차이 때문입니
다. 전압은 전류의 원인을 제공하는 에너지이고, 전류는 실제로 이동하
는 형태를 지닌 물리적 존재(전자)입니다. 따라서 전류가 많이 흐를수
록 전선을 구성하는 원자와 전자가 더욱 자주 충돌하고, 이 과정에서
전자가 가진 에너지가 열에너지로 전환되어 전선이 불필요하게 뜨거워
집니다. 따라서 전력을 보낼 때 전력 손실을 줄이려면 전류를 줄여서

전선에 있는 원자와의 충돌을 최대한 줄여야 합니다.

여기서 짚고 넘어가야 할 것은 '전류의 흐름'이라는 표현 때문에 마치 발전소에서 출발한 전자가 가정까지 도달하는 것처럼 생각될 수 있다는 점입니다. 그러나 실제 송전에 의한 전류는 교류이므로 일정한 범위 안에서의 전자 이동만 반복될 뿐입니다. 이 과정에서 전선의 저항에 따라 열이 발생합니다.

또한 전류는 직류를 기준으로 정의하기 때문에 교류에서 전자의 움직임을 정확히 설명할 적절한 용어가 없습니다. 집에서 전등을 켤 때 발전소에 있는 전자가 빛의 속도로 집까지 이동해 전등이 켜는 것이 아님을 기억해야 합니다. 손실 전력을 설명하는 은행 환전 모형에서도 은행에서 집까지 전류가 오는 것으로 직류식 표현을 썼지만, 사실은 이 비유에서도 이러한 한계를 넘지 못한 것입니다.

앞선 예를 다시 한번 확인해 보겠습니다. 1만 원권 1장 상황의 손실 전력 50원과 1천 원권 10장 상황의 손실 전력 5,000원을 비교해 보면, 개수가 10배 증가하면 손실 전력은 그 제곱인 100배가 증가한다는 것을 확인할 수 있습니다. 이는 앞서 손실 전력($P_{손실}=VI$)에서 옴의 법칙($V=Ir$)을 한 번 더 적용해 손실 전력을 전선의 저항(r)이 들어간 표현으로 바꾼 결과와 일치합니다.

$$P_{손실} = VI = I^2 r$$

전력에 옴의 법칙을 적용할 때 전압($V=Ir$)이 아닌 전류($I=\dfrac{V}{r}$)를 적용할 수도 있습니다.

$$I=\frac{V}{r}\searrow$$
$$P_{손실}=VI=\frac{V^2}{r}$$

송전선 저항이 줄면($r\downarrow$) 손실 전력이 커지므로($P_{손실}\uparrow$) 지금까지 내용과 모순인 것처럼 보일 수 있습니다. 그러나 전선 저항이 작아지면 전선에 전류를 흐르게 하는 손실 전압도 줄어듭니다.($V_{손실}\downarrow=Ir\downarrow$) 특히 손실 전력은 손실 전압의 제곱에 비례하므로 저항이 줄어들면 손실 전압은 훨씬 더 급격하게 줄어들기 때문에($r\downarrow\to V_{손실}\downarrow\downarrow$) 전선의 저항이 줄면 손실 전력이 줄어든다는 것은 여전히 성립합니다.

$$P_{손실}=VI=I^2r=\frac{V^2}{r}$$

전력 손실 내용이 혼란스러운 이유는 1차 코일에서의 전압(V), 전류(I), 전력(P), 2차 코일에서의 전압(V), 전류(I), 전력(P), 전선에서의 손실 전압(V), 전류(I), 손실 전력(P), 저항(R 또는 r)을 정확하게 구분하지 못한 채 맹목적으로 문제를 풀려 하기 때문입니다.

문제 1

입력 전압이 110V이고 입력 전류가 8A인 변압기에서 출력 전압이 220V일 때 출력 전류는 얼마인가?(단, 변압기에서 에너지 손실은 없다.)

입력 전력은 110V×8A=880W이고 변압기 내 에너지 손실이 없으므로 출력 전력 역시 880W가 됩니다. 출력 전압이 220V이므로 출력 전류는 4A이지요. 이는 은행에서 입금된 돈을 손실 없이 출금하는 것과 같습니다. 110원짜리 금액권으로 8장 입금되어 있는 돈을 2배 금액권인 220원짜리로 출금하니 개수는 2배가 줄어 4장이 됩니다. → 4A

문제 2

1차 코일의 감은 수가 100회이고 2차 코일의 감은 수가 200회인 변압기가 있다. 이 변압기에 220V의 전압과 10A의 전류가 1차 코일에 입력될 때 2차 코일에 출력되는 전압과 전류는 각각 얼마이고, 이때 2차 코일에 연결해 소비할 수 있는 전력은 얼마인가?(단, 변압기에서 에너지 손실은 없다.)

1차 코일에 입금되어 있는 총금액은 220원권×10장=2200원입니다. 따라서 2차 코일에서 출금할 수 있는 총금액 역시 2200원입니다. → 소비할 수 있는 전력 2200W

금액권에 해당하는 전압은 코일의 감은 횟수에 비례합니다. 따라서

2차 코일의 감은 횟수는 1차 코일의 2배이므로 2200원을 두 배 더 큰 금액권인 440원권으로 출금하면 개수는 5장입니다. → 출력 전압 440V, 출력 전류 5A

입력 전압이 1000V이고 출력 전압이 100V인 변압기에 저항이 5Ω인 가전 제품을 출력단에 연결해서 사용했을 때 1차 코일에 흐르는 전류는 얼마인가?(단, 변압기에서 에너지 손실은 없다.)

가전제품은 출력단(2차 코일) 100V에 연결해서 사용합니다. 연결되어 있는 가전제품의 저항이 5Ω이므로 제품에는 20A의 전류가 흐릅니다.($I = \dfrac{100\text{V}}{5Ω}$) 따라서 가전 제품을 쓸 때 소비뇌는 전력은 100V×20A =2000W이며 이는 2차 코일이 가전제품으로 보내주는 전력입니다. 2차 코일의 출금액은 1차 코일의 입금액과 같으므로 2000원입니다. 이때 입금된 금액권의 크기는 1000원권(1000V)이므로 금액권의 개수는 2장 (2A)입니다.(2000W=1000V×2A) 따라서 1차 코일에는 2A의 전류가 흐릅니다. → 2A

이 문제가 가장 실질적이고 현실적인 상황에 속합니다. 발전소 기준으로 전력의 생산과 송전을 다루다 보니 마치 발전소가 생산한 전력을 무조건 가정에서 전부 받아 쓰는 것으로 혼동할 수 있습니다. 그러나 실제 전력은 가정에서 요구하는 만큼만 보내지고, 발전소는 정확한 전력 수요를 모르기 때문에 발전량을 예측해서 충분한 전력을 생산해 둡니다.

결국 발전소는 가정에서 전력을 요청하는 만큼만 보내기 때문에 실제 사용하는 전력을 2차 코일 쪽에서 먼저 구한 뒤 이에 맞는 공급 전력을 1차 코일에서 구하는 것이 올바른 순서입니다. 이에 따라 전기세 부과도 가능합니다.

예를 들어 은행은 돈을 충분히 확보한 상태에서 고객이 출금을 요청할 때 요청한 금액만큼만 지급합니다. 출금을 요청한다고 해서 은행이 가진 모든 돈을 무조건 지급하는 시스템이 아닌 것과 같습니다.

물론 은행도 인출 수요가 폭발적으로 증가하는 뱅크런(bank run) 같은 사태가 일어나면 이를 감당하지 못하고 인출이 불가능해집니다. 마찬가지로 발전소에서도 예상되지 못한 폭발적인 전력 수요가 발생하는 경우 이를 충당하지 못해 전력 공급이 중단되어 대규모 정전이 발생하는 블랙아웃(blackout)이 일어나기도 합니다.

실제로 우리나라에서는 2011년 9월 15일 치솟는 전력 수요와 여러 기술적 결함이 겹쳐 대규모 정전 사태가 발생한 적이 있습니다. 오후 3시부터 8시까지 약 5시간 동안 정전 상태가 지속되었고, 이 시간 동안 사회 시스템이 마비되어 막대한 사회적·경제적 피해를 남겼습니다.

그림은 변전소에서 송전선 A와 B를 통해 전력을 송전할 때의 전력과 송전 전압을 나타낸 것이다. 두 송전선에서 발생하는 전력 손실이 같을 때, 송전선 A와 B의 저항 비는 얼마인가?

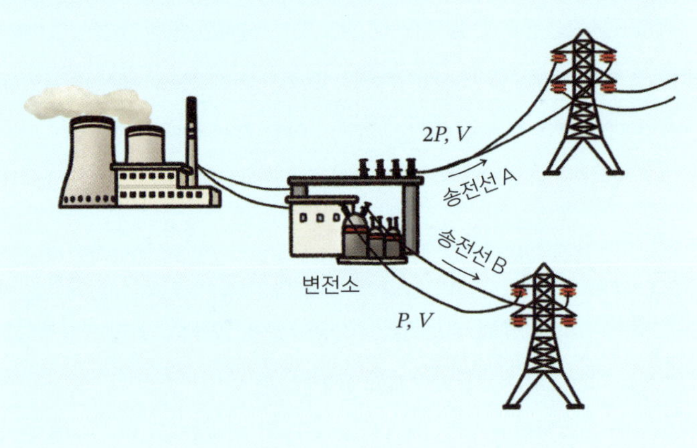

출력 전력 P를 출금 총액 1만 원, 출력 전압 V를 1만 원권이라고 생각하면 A의 출금액 $2P$는 2만 원＝1만 원권×2장, B의 출금액 P는 1만 원＝1만 원권×1장으로 송전선 A와 B에 흐르는 전류비는 2：1입니다. 손실 전력은 전류의 제곱 값과 저항에 비례하므로 전류의 제곱비 4：1에 각각의 저항을 곱한 값이 되는데, 두 송전선에서의 손실 전력이 같으므로 저항비는 1：4가 되어야 합니다. 전류에 의해서는 송전선 A가 송전선 B보다 전력 손실이 4배가 크고, 저항에 의해서는 송전선 B가 송전선 A보다 전력 손실이 4배가 큽니다. 따라서 결국 두 송전선에서 발생하는 전력 손실이 같은 것입니다. → 1：4

그림은 변전소 A와 B의 송전 전압, 각 송전선의 저항, 송전선에 흐르는 전류를 나타낸 것이다. 이때 공장 A와 공장 B에서 소비한 전력을 각각 구하시오.

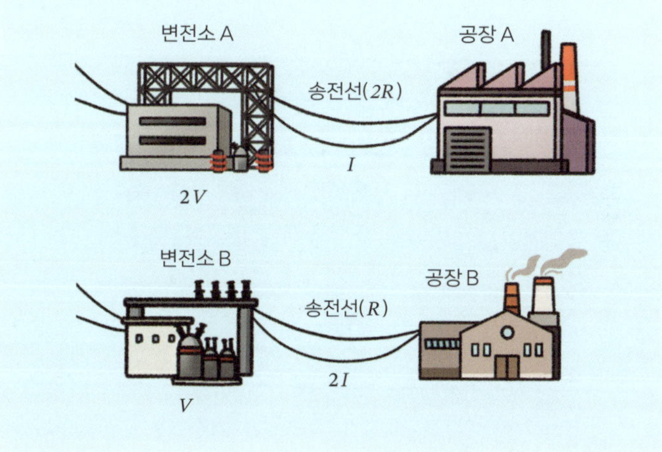

①송전 전력, ②손실 전력, ③소비 전력을 정확히 구분하는 것이 중요합니다. ①송전 전력은 변전소에서 보내는 전력으로 은행에서 출금한 금액에 해당하고, ②손실 전력은 송전선 저항에 의해 열에너지화되는 전력으로 길에서 분실한 돈에 해당합니다. ③소비 전력은 송전 전력에서 손실 전력을 빼고 실사용한 전력으로 실제 쓸 수 있는 돈에 해당합니다.

	① 송전 전력 (변전소)	② 손실 전력 (송전선)	③ 소비 전력 (공장)
A	$2V \times I$	$I^2 \times 2R$	(정답) $2VI - 2I^2R$
B	$V \times 2I$	$(2I)^2 \times R$	(정답) $2VI - 4I^2R$

6장

현대 물리학이 다루는 것들

아날로그와 디지털

　우리가 사는 세상은 아날로그일까요, 디지털일까요? 디지털이라는 말을 워낙 많이 듣다 보니 디지털에 파묻혀 사는 것 같지만, 사실 세상은 아날로그입니다. 아날로그와 디지털을 구분하는 기준은 연속성과 불연속성입니다. 시간의 흐름을 보면 1초, 2초, 3초로 끊어지지만, 그렇다고 초와 초 사이에 시간이 흐르지 않는 것은 아니지요. 단지 시간의 특정 부분을 지칭하거나 구분하기 편리하도록 숫자를 이용해 끊어서 나타낸 것뿐입니다. 한마디로 연속적인 것을 인간이 편의상 불연속적으로 나타내는 것이 바로 디지털화입니다.

　파동의 형태로 전파되어 시공간에 퍼지는 소리 역시 연속적입니다. 따라서 소리 파동을 전체가 아니라 특정 부분만 나타낸다면 많은 양의 정보가 손실된 것입니다. 그런데 모든 정보를 담고 있는 연속적인 소리 파동과 특정 정보만 담고 있는 손실된 소리 파동을 인간 감각의

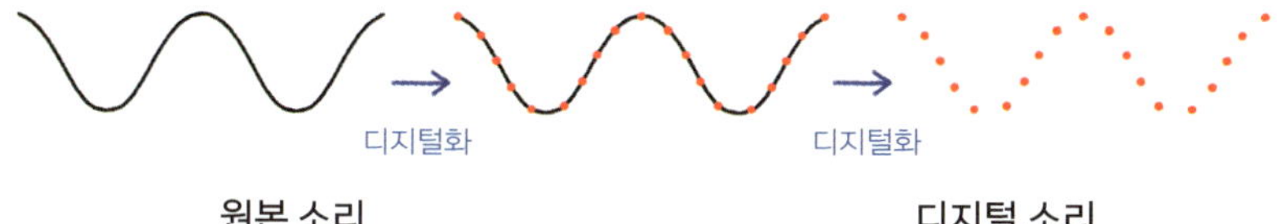

인간의 귀는 원본과 디지털 샘플링 소리를 구별해내지 못한다. 디지털 소리는 17개의 점으로 표현해 냈지만 원본 소리는 무한에 가까운 점이 필요하다.

한계로 구별하지 못하기도 합니다. 일반적으로 인간은 20Hz~20kHz의 범위의 소리만 들을 수 있습니다. 이를 가청주파수라고 합니다. 마찬가지로 전자기파(빛) 역시 430THz~750THz 범위에 있는 것만 볼 수 있습니다. 이를 가시광선이라고 합니다. 심지어 이 범위 안에 있는 소리와 빛이라고 해도 작은 차이를 구별하거나 세밀한 구조를 식별할 수 있는 '분해능'에는 명확한 한계가 있습니다.

특정 부분만을 취해서 정보의 손실이 발생하더라도, 손실된 정보를 인간의 감각으로 구별할 수 없다면 결국 인간에게는 동일한 정보로 인식됩니다. 이것이 바로 디지털화의 장점입니다. 아날로그를 디지털화하면 반드시 정보가 손실됩니다. 그러나 긍정적으로 보면 감각적으로 구분 불가능한 정보가 제거되고 필요한 정보만 담을 수 있어 획기적으로 단순화되는 것입니다.

아날로그 정보에 비해 디지털 정보는 정보의 양이 압도적으로 적고 단조로워서 컴퓨터를 이용한 분석 및 처리 속도가 매우 빨라지며 검색·편집·변환·복사·수정 등을 자유롭게 할 수 있습니다.

디지털 정보는 숫자 0과 1 단 두 가지를 활용해서 필요한 정보만 기록하기 때문에 수많은 복사 과정을 거쳐도 0과 1이 그대로 복제되어 원본과 차이가 없습니다. 이에 반해 아날로그 신호는 모든 정보를 빠짐없이 다 기록하는 것이 불가능하기 때문에 복사할 때마다 손실이 발생합니다. 특히 어떤 정보가 필요하고 불필요한지 구별하지 않고 손실이 일어나므로 품질이 저하되기 쉽지요.

인간에게 불필요한 정보를 굳이 남길 필요가 없기 때문에 디지털화를 통해 소리에서 잡음을 제거하거나 영상에서 노이즈 또는 화질 왜곡을 제거하는 일이 가능합니다. 이뿐만 아니라 가장 필요한 정보를 반복적으로 결합하거나 보정해서 고음질 음성 신호나 고화질·고해상도 영상을 만들어낼 수도 있습니다. 따라서 디지털화를 넘어 디지털 기술이 접목되면 정보가 손실됨에도 불구하고 인간이 느끼기에 원본보다 더 좋은 결과물이 나오기도 하는 것이죠. 이 모든 것은 아날로그에서 필요한 정보만을 디지털화했기 때문에 가능한 일입니다.

아날로그 파동과 디지털 입자

물리학에서 아날로그를 대표하는 것은 연속적인 파동(wave)입니다. 반면 디지털을 대표하는 것은 입자(particle)인데, 입자는 개수로 셀 수 있으므로 연속적이지 않습니다. 연속과 불연속은 서로 정반대의 개념입니다. 두 개념은 따로 존재하며 이 둘은 서로 섞이거나 혼합되는 타협의 대상이 될 수 없습니다. 이제부터 파동과 입자에 관해 하나씩 살펴보겠습니다.

파동의 속력은 진동수(f)와 파장(λ)에 비례합니다. 진동수(f)는 말 그대로 '반복적으로 진동하는 횟수'를 의미하고, 파장(λ)은 '한 번 진동할 때 파동이 공간적으로 이동하는 거리'를 의미합니다.

진동수는 걸음의 횟수(템포), 파장은 보폭에 비유할 수 있습니다. 그래서 빠르게 다리를 움직이면서($f\uparrow$) 보폭($\lambda\uparrow$)마저 넓힌다면 이동 속력은 빨라집니다.($v\uparrow = f\uparrow \lambda\uparrow$) 반면에 다리를 느리게 움직이면서

($f\downarrow$) 보폭($\lambda\downarrow$)마저 줄이면 이동 속력은 느려지겠지요.($v\downarrow = f\downarrow\lambda\downarrow$)

여기서 '파동의 생성'과 '파동의 굴절'을 정확하게 구분할 수 있어야 합니다. 파동은 매질의 진동에 의해 만들어집니다. 진동수를 다르게 해서 파동을 만들 때 파동의 파장과 진동수는 반비례합니다.

쉬운 예를 들면 육상 선수가 100m 달리기 기록을 갱신하기 위해 달리는 방법을 바꾸는 것과 같습니다. 기록 갱신을 위해 템포를 높이면 그만큼 보폭은 짧아집니다. 반대로 보폭을 길게 하면 템포는 줄어듭니다. 템포도 높이고 보폭도 길게 하면 좋겠지만, 개인의 운동 능력에는 한계가 있습니다. 육상 선수들이 피나는 훈련을 해도 자신의 기록을 쉽게 갱신하지 못하는 이유가 바로 이 때문입니다.

따라서 매질을 진동시킬 때 진동수($f\uparrow$)를 높게 하면 파장이 짧은 ($\lambda\downarrow$) 파동이 만들어지고, 진동수($f\downarrow$)를 낮게 하면 파장이 긴($\lambda\uparrow$) 파동이 만들어지므로 특정 매질에서 만들어지는 파동의 속력은 언제나

일정합니다. 이는 앞서 설명했던 금액이 고정된 상황에서 금액권과 개수의 관계와 같습니다.(18쪽 참고)

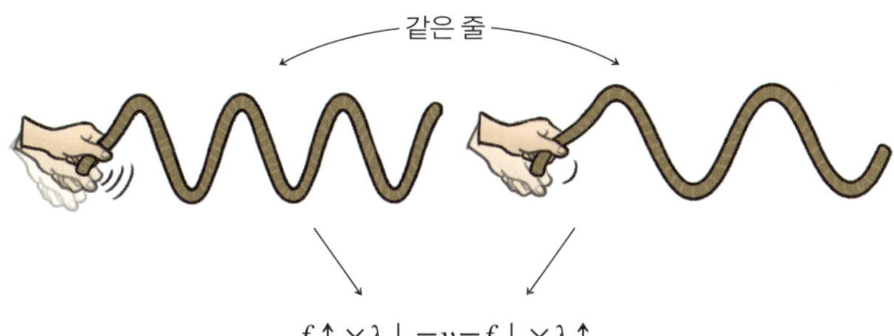

$$f\uparrow \times \lambda\downarrow = v = f\downarrow \times \lambda\uparrow$$

매질이 같을 때 진동수가 달라져도 속력 v는 변하지 않는다.

파동의 굴절은 이와 반대로 이미 만들어진 파동이 진행하다가 매질이 달라질 때 속력이 변하는 것을 말합니다. 한번 만들어져 출발한 파동의 진동수는 매질이 달라져도 변하지 않습니다. 진동은 파동 생성의 근원이기 때문입니다. 만약 파동의 진동수를 바꾸고 싶다면 맨 처음 파동을 만들 때 진동수를 변화시키는 방법밖에 없습니다. 하지만 진동수와 달리 파장은 매질이 달라지면 매질의 특성에 따라 파장이 변합니다.

다시 100m 기록 갱신을 위해 최선을 다해 뛰는 선수를 생각해 봅시다. 달리던 중 허리까지 오는 깊은 물웅덩이에 빠졌다고 가정하겠습니다. 이 선수는 최선을 다해 달리기 때문에 물속에서도 자신의 템포를 유지하려 합니다. 하지만 물의 저항 때문에 어쩔 수 없이 보폭은 줄어들고, 결국 느려집니다.$(v\downarrow = f \times \lambda\downarrow)$ 물웅덩이를 빠져나오면 물의 저항이 없어지므로 보폭이 늘어납니다. 물론 템포 변화는 없기 때문에 다시 빨라집니다.$(v\uparrow = f \times \lambda\uparrow)$ 이처럼 파동이 진행할 때 매질이 변해 파동의 속력이 변하는 것을 굴절이라고 합니다. 파동의 굴절은 금액권이 고정된 상황에서 금액과 개수의 관계와 같습니다.(18쪽 참고)

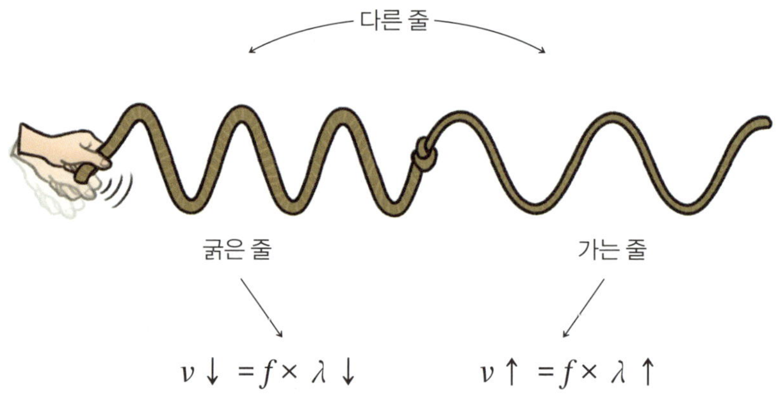

매질이 달라져도 진동수 f는 변함없다. → 속력이 변한다.

아날로그인 파동을 대표하는 것은 다름 아닌 빛입니다. 전하가 가속 운동을 하면 전기장과 자기장이 변하고, 서로를 교란하면서 빛의 속도$(c = \lambda f = 3 \times 10^8 \text{m/s})$로 진행합니다. 빛은 진동수가 클수록(파장이 짧을수록) 에너지가 크고 진동수가 작을수록(파장이 길수록) 에너지가 작습니다. 따라서 빛에너지는 진동수(f) 또는 파장(λ)으로 나타냅니다.

아날로그의 형태인 파동을 알아보았으니 이제 디지털 개념인 입자

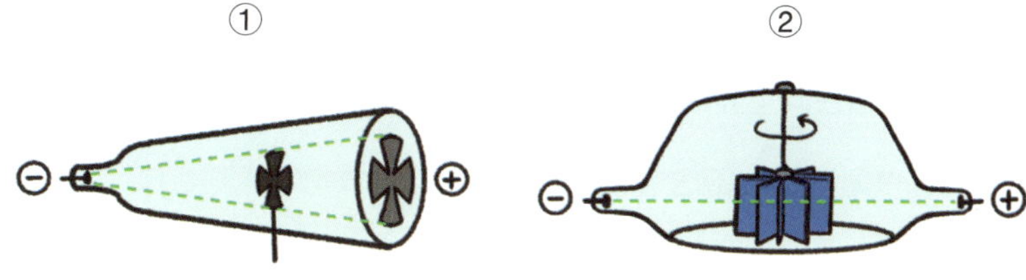

음극선의 진행 경로에 장애물을 놓으면
그림자가 생긴다.

음극선의 진행 경로에 놓인 바람개비가
회전한다.

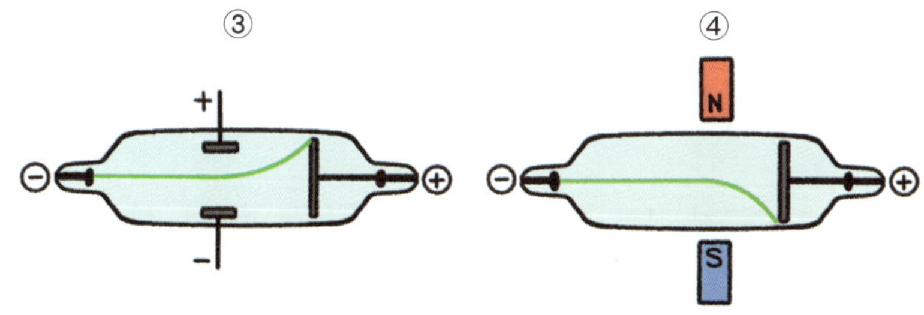

음극선의 진행 경로는 외부에서 걸어준
전기장과 반대 방향으로 휜다.

음극선의 진행 경로는 외부에서 걸어준
자기장 내에서 휜다.

를 살펴보겠습니다. 입자의 대표적인 예는 바로 전자입니다. 1897년 J. J. 톰슨은 진공 상태의 유리관에 전압을 가하는 실험으로 음극선을 발생시켰습니다. 빛처럼 보이는 음극선의 정체는 다름 아닌 음극에서 쏟아져 나온 전자들이었지요. 톰슨은 음극선 실험을 통해 전자의 존재뿐만 아니라 전자의 입자적 성질까지 알아냈습니다. 위 그림과 함께 전자가 입자라는 증거를 알아보면 다음과 같습니다.

① 그림자가 생긴다는 것은 전자들이 직진한다는 것을 의미한다.

② 전자들은 바람개비를 돌릴 정도의 충격량을 가할 수 있다. 즉 전자는 운동량을 가진다.(질량이 있다.)

③ 전기장 속에서 전자들이 (+)극 쪽으로 휘는 이유는 전자가 (−)전하를 띠고 있기 때문이다.

③, ④ 균일한 전기장과 자기장 속에서 전자들의 경로가 휘는 사실을 통해 전자는 전자기파가 아니라는 것을 알 수 있다. 빛은 전기나 자석에 의해 휘지 않는다.(※전하를 띤 입자가 운동하면 자석이 된다.)

톰슨은 음극선 실험 과정에서 전자들의 이동 경로를 예측하기도 했습니다. 이는 질량을 가진 물체의 운동을 분석하는 것처럼 전자를 질량을 가진 작은 입자로 간주해서 알아낸 것입니다.

또한 전기장이나 자기장에 의해 전자의 이동 경로가 바뀌는 것과 전자의 운동량 및 에너지 변화도 관측했는데, 이 모든 것은 전자가 입자이기 때문에 가능한 일입니다. 결국 전자의 정체는 (−)전하를 띤 질량을 가진 입자입니다.

정리하면, 파동은 연속적인 아날로그의 개념이고 입자는 불연속적인 디지털의 개념입니다. 파동은 짜면 쭉 나오는 치약처럼 연속적이어서 개수로 셀 수 없습니다. 입자와 달리 질량(m)도 없지요. 빛과 소리가 질량이 없는 이유는 바로 파동이기 때문입니다.

이에 반해 입자는 구슬처럼 단위별로 나뉘므로 개수를 셀 수 있고,

각 구슬은 서로 명확하게 구분되므로 불연속적입니다. 또한 입자에는 질량이 있습니다. 물리학에서 파동의 대표는 빛, 입자의 대표는 전자입니다. 이것을 꼭 기억해 두세요.

금속에 빛을 비췄을 때 금속 표면의 전자가 방출되어 튀어나오는 현상을 광전 효과라고 합니다.

빛은 전자기파이므로 진동수가 높고 파장이 짧을수록 에너지가 큽니다. 따라서 금속 표면에 빛을 비추면 빛에너지가 금속 내부의 전자들에게 전달되고, 시간이 지나면서 에너지를 충분히 얻은 전자들은 하나둘씩 금속에서 방출될 것입니다.

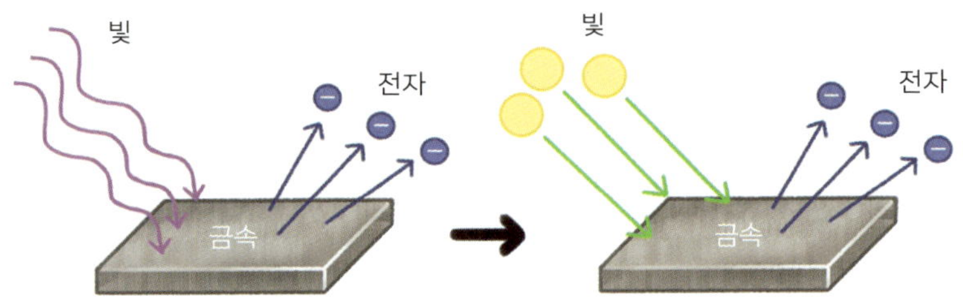

논리적으로 타당한 설명이지만, 광전 효과의 실험 결과를 세부적으로 들여다보면 설명하기 어려운 여러 문제가 발생합니다. 바로 빛이 파동이라는 사실 때문입니다.

광전 효과 관련 실험 결과

① 빛이 밝아도 특정 진동수 이상의 빛을 비출 때만 전자가 튀어나온다.

② 빛의 밝기를 세게 해도 튀어나오는 전자의 운동 에너지는 변하지 않고 일정하다. 오히려 튀어나오는 전자의 수가 많아진다.

③ 진동수가 낮더라도 밝은 빛을 비추면 에너지가 크기 때문에 전자가 튀어나와야 하지만, 전자는 전혀 튀어나오지 않는다. 또한 진동수가 높더라도 빛의 밝기가 약하면 에너지가 작기 때문에 전자가 튀어나오기까지 시간이 걸려야 하지만, 빛을 비추는 즉시 전자가 튀어나온다.

우선 빛의 속성과 그에 따른 파동적 요인을 정확하게 일치시켜 봅시다. 빛의 색깔은 전자기파의 진동수(f)가 결정합니다. 가시광선 영역에서 진동수가 높은 빛은 에너지가 커서 보라색, 진동수가 낮은 빛은 에너지가 작아 빨간색으로 보입니다. 빛의 밝기(세기)는 진폭(A)이 결정합니다. 따라서 진폭이 큰 빛은 밝은 빛, 진폭이 작은 빛은 어두운 빛입니다.

	진동수(f)	진폭(A)
전자기파(빛)	색깔	밝기(세기)
음파(소리)	음의 높낮이	음량(크기)

결국 빛에너지는 진동수(f)와 진폭(A) 두 요인으로 결정됩니다. 이 두 요인을 모두 고려하면 광전 효과의 실험 결과 ①, ②, ③을 해석할 수가 없습니다.

먼저 ①에서 전자가 튀어나오는 것을 빛에너지와 관련지으면, 진동수가 높은 빛에 의해 전자가 튀어나오듯 진폭이 큰 밝은 빛에 의해서도 전자가 튀어나와야 합니다. 그러나 실험 결과, 전자가 튀어나오는 것과 빛의 진폭은 관련이 없습니다.

②에서도 빛의 밝기를 밝게(세게) 하면 전자가 전달받는 빛에너지가 증가하므로 튀어나온 전자들이 갖는 운동 에너지도 그에 따라 커져야 합니다. 그러나 이 역시 관련이 없다는 실험 결과가 나왔습니다. 오히려 빛을 밝게 하니 튀어나오는 전자의 수가 많아졌는데, 이는 논리적으로 이해할 수 없는 결과입니다. 왜냐하면 특정 전자가 받은 빛에너지를 다른 전자들에게 나눠준다는 결론을 내릴 수밖에 없기 때문입니다. 나눈다는 것도 이상하지만, ③의 결과를 추가로 고려해 보면 나누는 데 시간이 전혀 소요되지 않는다는 점 역시 설명하기가 곤란합니다.

이제 ③을 보겠습니다. 빛의 진동수와 진폭은 별개의 요인입니다.

그런데 빛의 진동수는 광전 효과에 영향을 미치는 반면 진폭은 전혀 영향을 미치지 못합니다.

광전 효과 실험에서 발생한 문제를 해결한 것은 아인슈타인입니다. 핵심은 '빛의 정체성을 부정하는 것'입니다. 다시 말해 빛이 연속적인 파동이 아니라 불연속적인 입자라는 이론을 부활시킨 것이죠.

여기서 부활이라고 하는 이유는 이미 아이작 뉴턴이 빛이 입자임을 주장했으나 토머스 영이 이중 슬릿 실험으로 빛의 파동성을 증명해서 빛은 전자기파라는 것이 확고하게 받아들여졌기 때문입니다. 결국 빛은 전자기파가 아닌 광자(光子, photon)라고 불리는 수많은 빛 알갱이의 집합으로 새롭게 정의되었고, 이에 따라 광전 효과의 모든 문제가 해결되었습니다.

빛에너지는 오직 진동수(f)로만 결정됩니다. 즉 광자 한 개의 에너지는 빛의 진동수(f)에 비례하며 여기에 플랑크 상수 h를 곱해 나타냅니다. ($E \propto f \rightarrow E = hf$)

$$E = hf$$

플랑크 상수는 양자역학의 시작을 알린 막스 플랑크가 도입한 상수로, 막스 플랑크가 독일인이기 때문에 h 역시 독일어 방식으로 '하'라고 읽습니다.

빛의 정체성을 바꿔버린 아인슈타인의 과감한 시도는 광전 효과의 모든 문제점을 성공적으로 해결했습니다. 애당초 빛은 파동이 아닌 입자이기 때문에 파동적 요인인 진폭(A)이 아예 존재하지 않았던 것이죠. 따라서 빛에너지는 오직 진동수에만 관련 있고 빛의 밝기는 진폭이 아닌 빛 알갱이의 개수였던 것입니다. 한마디로 광자(빛 알갱이)가 많으면 밝은 빛, 광자가 적으면 어두운 빛이지요.

	전자기파(파동)		광자(입자)
색깔	진동수(f)	=	진동수(f)
밝기(세기)	진폭(A)	≠	광자 수

그렇다면, 빛을 파동이 아니라 입자로 바라보고 기존에는 설명할 수 없었던 광전 효과의 특성들을 다시 해석해 보겠습니다.

① 빛이 밝아도 특정 진동수 이상의 빛을 비출 때만 전자가 튀어나온다.

→ 빛에너지는 오직 진동수에 의해서만 결정되므로 빛의 밝기인 광자의 수는 에너지와 관련이 없다. 따라서 진동수가 높은 빛을 비췄을 때만 전자가 튀어나온다.

② 빛의 밝기를 밝게(세게) 해도 튀어나오는 전자의 운동 에너지가 변하지 않고 일정하다. 오히려 튀어나오는 전자의 수가 많아진다.

→ 밝은 빛은 에너지가 높은 빛이 아니라 광자의 수가 많은 빛을 의미한다. 따라서 더 많은 전자가 광자로부터 에너지를 받아 방출되지만, 각 전자가 받는 에너지가 더 커지는 것은 아니므로 전자의 운동 에너지는 변하지 않는다.

③진동수가 낮더라도 밝은 빛을 비추면 에너지가 크기 때문에 전자가 튀어나와야 하지만 전자는 전혀 튀어나오지 않는다. 또한 진동수가 높더라도 빛의 밝기가 약하면 에너지가 작기 때문에 전자가 튀어나오기까지 시간이 걸려야 하지만, 빛을 비추는 즉시 전자가 튀어나온다.

→ 에너지가 충분하지 않은 광자는 전자를 튀어나오게 할 수 없다. 그래서 진동수가 낮은 빛은 아무리 많이 있어도 광전 효과를 일으키지 못한다. 반대로 에너지가 충분한 빛은 전자와 부딪히는 순간 전자를 바로 튀어나오게 한다. 빛의 밝기가 약해서 광자의 수가 적더라도 충분한 에너지를 가진 광자와 충돌한 전자만큼은 즉시 튀어나온다. 다만 처음부터 광자의 수가 적기 때문에 충돌하는 전자의 수도 적을 뿐이다.

광자와의 충돌에 의해 에너지를 전달받아 금속 표면에서 방출되는 전자를 따로 '광전자'라고 부릅니다. 광전자는 일반 전자와 다를 것 없는 똑같은 전자입니다. 다른 점은 빛(광자)으로부터 금속 원자의 속박에서 벗어날 수 있을 충분한 에너지를 받았다는 것뿐입니다. 광전자의 운동 에너지는 다음과 같이 나타냅니다.

$$E_k = hf - W$$

hf는 광자로부터 받은 빛에너지이고, W는 금속으로부터 전자가 방출되기 위해 필요한 최소한의 에너지로 일함수(work function)라고 부릅니다. 따라서 금속에서 전자를 방출시키려면 일함수 이상의 빛에너지가 전자에 전달되어야 합니다.

빛에너지에서 일함수를 뺀 만큼이 튀어나온 전자의 순수 운동 에너지가 되므로 일함수 역시 빛에너지와 같은 형태(hf_0)로 나타날 수 있습니다. 여기서 f_0를 한계 진동수 또는 문턱 진동수라 하며 금속 종류에 따라 크기가 다릅니다. 문턱 진동수란 문턱을 넘어야만 나갈 수 있다는 뜻으로, 문턱은 최소한의 값 또는 임곗값을 나타냅니다.

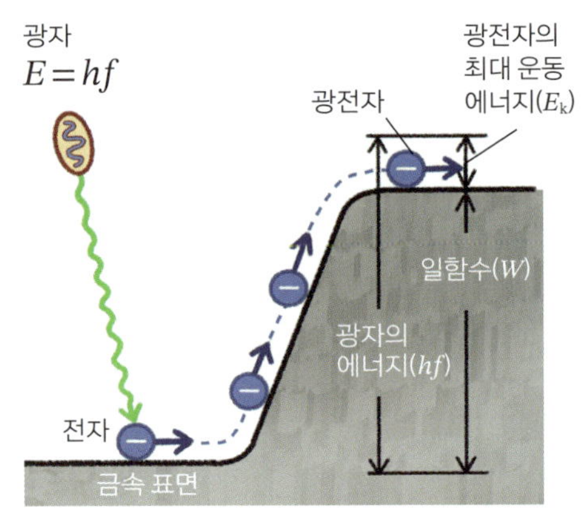

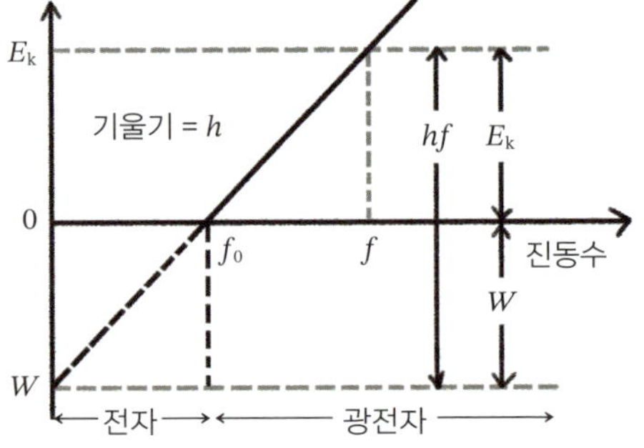

광전 효과 해결하기: 심부름 모형

광전 효과는 빛의 입자성을 증명하는 중요한 실험적 증거입니다. 연속적 파동인 전자기파와 불연속적 입자인 광자의 본질적인 차이가 극명하게 드러난 실험이지요. 이번에도 이 개념을 돈거래에 비유해서 이해해 보겠습니다.

돈은 치약처럼 짜놓고 필요한 만큼 덜어서 사용할 수 없습니다. 결국 정해져 있는 금액권과 개수 자체가 이미 불연속적인 디지털 개념입니다. 따라서 불연속적인 성질을 보여주는 데 돈만큼 좋은 예는 없지요.

수많은 부모가 자신의 자녀들에게 물건을 사 오라는 심부름을 시킨다고 가정합니다. 당연히 사와야 하는 물건 값($W=hf_0$) 이상으로 심부름 값(hf)을 줘야 자녀들이 심부름을 갈 수 있습니다. 다시 말해 심부름을 수행하려면 자녀 입장에서는 적어도 사와야 할 물건 값보다 더 많은 심부름 값을 받아야 하는 것이죠.

만약 부모가 5만 원을 자녀에게 주고 9만 원짜리 한우 등심 1kg을 사 오라고 한다면 자녀는 당연히 집 밖을 나설 수 없습니다. 그러나 10만 원을 주고 같은 물건을 사 오라고 한다면 자녀는 즉시 심부름을 떠날 수 있습니다. 이것이 광자 에너지를 받은 전자가 금속 밖으로 튀어나오는 과정입니다.(전자가 광전자가 되는 과정)

세상에 공짜는 없는 법입니다. 10만 원을 받은 심부름에서 9만 원짜리 한우를 샀다면, 남은 돈 1만 원은 자녀의 용돈이 됩니다. 이 값이 광전 효과로 금속에서 튀어나온 광전자의 운동 에너지입니다.

$$E_K = hf - W$$

(용돈 = 심부름 값−물건 값)

결국 자녀에게 심부름을 시킬 수 있는 요인은 단 하나, 바로 심부름을 시킬 돈입니다. 물건 값 이상의 심부름 값을 주는 것(일함수보다 큰 광자 에너지: $hf > W$ 또는 $hf > hf_0$) 이외에 다른 것은 전혀 필요하지 않습니다.

이제 광전 효과 결과를 심부름에 비유해서 해석해 보겠습니다.

① 일정한 진동수 이상의 빛을 비춰야 광전자가 방출된다.

 → 최소한 물건 값보다는 큰 돈을 줘야 자녀가 심부름을 간다.

② 빛의 진동수가 높으면 빛의 밝기가 약해도(어두워도) 광전자가 방출된다.

 → 심부름 값이 충분하면 심부름시키는 부모의 수가 적어도 심부름 값을 받은 자녀는 심부름을 간다.

③ 진동수가 높은 빛의 밝기(세기)가 증가하면 튀어나오는 광전자 수가 많아진다.

 → 충분한 심부름 값을 건네는 부모의 수가 많아지면 심부름을 가는 자녀들이 많아진다.

④ 빛의 진동수가 높을수록 광전자의 운동 에너지가 크다.

 → 심부름 값을 많이 줄수록 심부름을 가는 자녀의 용돈은 많아진다.

⑤ 광자는 전자와 1:1 충돌을 한다. 따라서 진동수가 높은 빛을 비추는 즉시 튀어나온다.

 → 부모님은 자신의 아이에게만 심부름을 시킨다. 따라서 돈만 충분히 준다면 자녀는 돈을 받는 즉시 심부름을 간다.

⑥ 진동수가 낮은 빛을 밝게 비추거나 오래 비춰도 광전자는 방출되지 않는다.

→ 물건 값보다 적은 돈을 주면서 심부름을 시킨다면 부모의 수가 아무리 많아져도, 또는 아무리 오래 기다려도 자녀들은 심부름을 갈 수 없다.

광자와 전자의 충돌은 단 1회 거래를 의미합니다. 만약 빛이 전자기파여서 연속적이라면, 한 전자에 돈을 계속 줄 수 있어 시간이 지날수록 심부름 값이 누적되므로 기다리다 보면 전자는 결국 심부름을 갈 수밖에 없습니다. 그러나 부모님의 심부름은 건당 1회 거래이고 줄 수 있는 돈도 금액권이 정해져 있으므로 심부름 값을 한 번 주고받으면 그걸로 끝입니다. 즉 한 번에 건네받은 심부름 값으로 심부름을 할 수 있는지 없는지가 바로 결정됩니다.

1:1로 충돌한다는 것은 수많은 광자가 특정 전자에 에너지를 몰아주는 경우가 없다는 의미입니다. 다시 말해 심부름은 자신의 자녀에게만 시킬 수 있습니다. 온 동네 부모들이 특정 아이 하나에게 전부 심부름을 시키는 이상한 일은 일어나지 않는다는 것입니다. 따라서 자녀 1명이 온 동네 부모에게 여러 건의 심부름 제의를 받거나 심부름 값을 받아 모을 수는 없습니다.

정리하면, 진동수가 낮은 빨간색 빛(예시)은 무슨 수를 써도 광전 효과가 일어나지 않습니다. 이에 반해 진동수가 높은 보라색 빛(예시)은 무조건 광전 효과가 일어납니다. 이때 빛을 어둡게 하면 광전자 수가 줄고 빛을 밝게 하면 광전자 수가 많아집니다.

또한 광전자의 최대 운동 에너지의 크기는 빛의 밝기에 관계없이 모두 똑같습니다. 보라색에 해당하는 심부름 값을 똑같이 받고 금속의 일함수에 해당하는 똑같은 물건 값을 지불하기 때문에 모든 광전자의 용돈은 전부 똑같을 수밖에 없습니다.

주의할 점은 운동 에너지에서 '최대'라는 말이 빠지면 광전자들의 운동 에너지가 서로 다를 수 있다는 것입니다. 광전자들은 금속의 서로 다른 위치와 깊이에서 튀어나오는데, 금속 표면에 가까운 곳에서 나온 광전자는 에너지 손실이 거의 없습니다. 반면 금속 내부에서 나온 광전자는 금속을 빠져나오는 과정에서 원자들과 충돌하므로 일부 에너지를 잃을 수 있습니다.

문제 1

(가)는 금속판 A에 단색광 X와 Y를 비췄을 때 두 광선 모두에 의해 전자들이 방출되는 현상을 나타낸 것이고, (나)는 금속판 B에 동일한 단색광 X와 Y를 비추었을 때 X에 의해서만 전자가 방출되는 현상을 나타낸 것이다.

(가)와 (나)의 실험을 통해 알 수 있는 사실을 서술하고 (가)와 (나)에서 단색광 Y의 세기를 증가시켰을 때의 변화를 설명하시오.

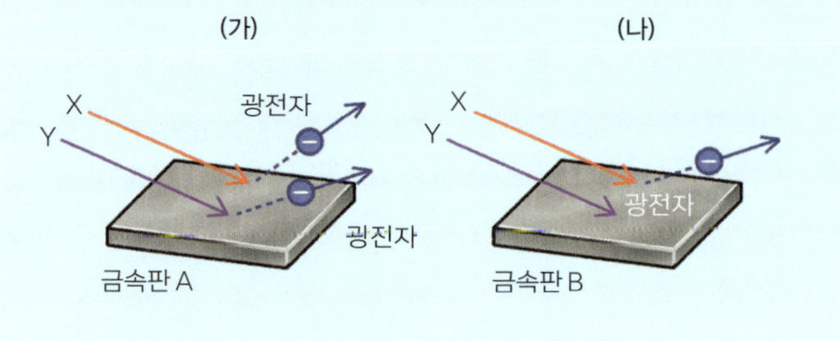

① 단색광 X와 Y에 의해 금속판 A에는 광전 효과가 일어납니다. 따라서 단색광 X와 Y는 금속판 A의 문턱 진동수보다 큰 진동수의 빛이라는 것을 알 수 있습니다. 하지만 금속판 B에서는 단색광 X에 의해서만 광전 효과가 일어났으므로 단색광의 진동수는 X가 Y보다 높고, 금속판의 일함수는 B가 A보다 큽니다.

$$hf_X > hf_Y \rightarrow f_X > f_Y, \quad W_A < W_B \rightarrow f_{0A} < f_{0B}$$

비유로 이해하기 부모 X, Y가 건네는 심부름 값으로 물건 A를 살 수 있지만, 물건 B를 사는 데는 Y가 건넨 심부름 값이 부족합니다. 결국 심부름 값은 X가 Y보다 많이 줬고 물건 값은 B가 A보다 비쌉니다.

②(가)와 (나)에서 단색광 X에 의해 방출된 광전자의 최대 운동 에너지는 단색광 Y에 의해 방출된 광전자의 최대 운동 에너지보다 큽니다.

$$E_{KX} > E_{KY}$$

※ (나)는 광전자가 없으므로 광전자의 운동 에너지도 0이다.

비유로 이해하기 X가 Y보다 더 많은 돈을 줬으므로 물건 A를 사고 남은 용돈은 X의 심부름 값을 받은 광전자가 더 많습니다.

③Y의 세기를 증가시키면 광자의 수가 많아집니다. 따라서 (가)에서는 Y에 의해 방출되는 광전자가 많아지지만, (나)에서는 광자의 수가 많아져도 여전히 광전자가 방출되지 못합니다.

비유로 이해하기 물건 A를 사 오라는 Y가 많아지면 심부름을 가는 자녀도 많아지지만, 물건 B를 사 오라는 Y는 많아져도 한 번에 건네는 돈이 부족하므로 여전히 심부름을 갈 수 없습니다.

표는 단색광 A, B, C를 금속판에 비췄을 때 광전관에 흐르는 전류의 세기와 광전자의 최대 운동 에너지를 나타낸 것이다. I_1, I_2의 세기와 E_1, E_2의 크기를 비교하시오. (단, 단색광 A와 C의 진동수 $f_A < f_c$이다.)

단색광 종류	① A	② A, C	③ A, B
전류의 세기	I_1	I_2	I_1
광전자 최대 E_k	E_1	E_2	E_1

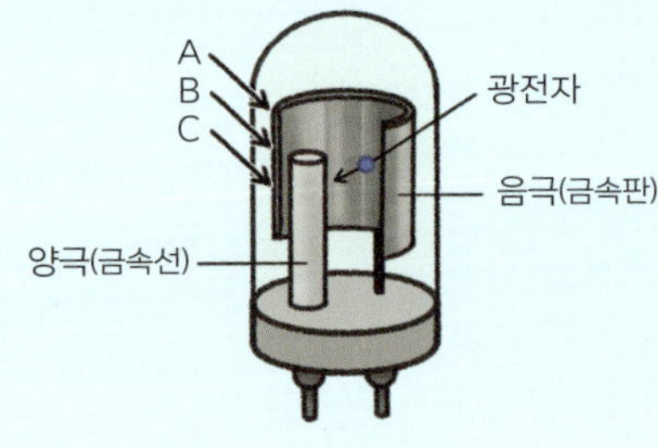

① 단색광 A에 의해 방출된 광전자가 (−)극(금속판)에서 (+)극(금속선)에 도달하면 전류 I_1이 흐르며 이때 광전자의 최대 운동 에너지는 E_1입니다. ③ A와 B를 동시에 비췄을 때도 A만 비췄을 때와 같은 전류가 흐르고 광전자의 최대 운동 에너지도 똑같습니다. 이는 단색광 B는 광전자를 방출시키지 못한다는 뜻으로 단색광 B의 진동수는 금속판의 문턱 진동수보다 작습니다.

② 단색광 C는 단색광 A보다 진동수가 크므로 광전 효과를 일으키며, 광전관 (+)극에는 단색광 A와 C에 의해 발생한 광전자가 함께 이동하므로 전류의 세기 I_2는 I_1보다 강합니다. 또한 광전자의 최대 운동

에너지 역시 단색광 C에 의한 광전자가 단색광 A에 의한 광전자보다
더 크므로 E_2가 E_1보다 큽니다.

 ③A와 B가 함께 심부름을 시켰는데, ①A만 심부름
을 시켰을 때와 아무런 차이가 없다는 것은 B에 의해서는 심부름을
가지 못한다는 것을 뜻합니다.

반면 ②에서는 심부름 값을 디 주는 C가 A와 동시에 심부름을 시켰
습니다. 따라서 A의 심부름을 가는 자녀에 C의 심부름을 가는 자녀가
추가되므로 심부름을 가는 자녀의 수(전류의 세기)는 증가합니다. 자
녀의 최대 용돈은 심부름 값을 많이 받을수록 많아지므로 C의 심부름
을 하는 자녀의 용돈(E_2)이 가장 큽니다. ($E_2 > E_1$)

※단색광 C에 의해 방출되는 광전자의 흐름을 I_c, 광전자의 최대 운동
에너지를 E_c라고 하면 ②에서 $I_2 = I_1 + I_c$입니다. 하지만 $E_2 = E_1 + E_c$는
아닙니다. 튀어나오는 광전자의 수는 합쳐져 전류의 세기가 되지만
광전자의 운동 에너지는 개별 광전자의 최대 운동 에너지를 의미하는
것이므로 합치는 개념이 아닙니다. 따라서 $E_2 = E_c$입니다.

빛의 정체: 빛의 이중성

광전 효과의 실험 결과로 빛은 입자라는 사실이 입증되었습니다. 그러나 빛이 파동이라는 것 역시 엄연히 실험을 통해 명백한 사실로 밝혀졌던 것입니다. 토머스 영의 이중 슬릿 실험이 바로 그것인데, 광전 효과보다 약 100년이나 앞선 실험이었지요.

슬릿(slit)은 쉽게 설명하면 아주 좁은 틈입니다. 이 틈으로 빛을 통과시킨 후 빛의 경로를 관찰하는 것이 실험의 주된 내용입니다.

빛이 입자라면 1차 단일 슬릿을 통과한 빛 입자들은 2차 이중 슬릿을 통과할 수 없습니다. 슬릿의 위치 때문에 1차 슬릿을 통과한 빛 입자들이 직진하면 2차 이중 슬릿 부분에서 진행이 막히기 때문입니다. 만에 하나 2차 이중 슬릿을 통과했다 하더라도 스크린에 비치는 밝은 무늬가 슬릿의 개수 및 위치와 일치해야 하므로 슬릿 위치에 정확히 2개의 밝은 선이 나타나야 합니다.

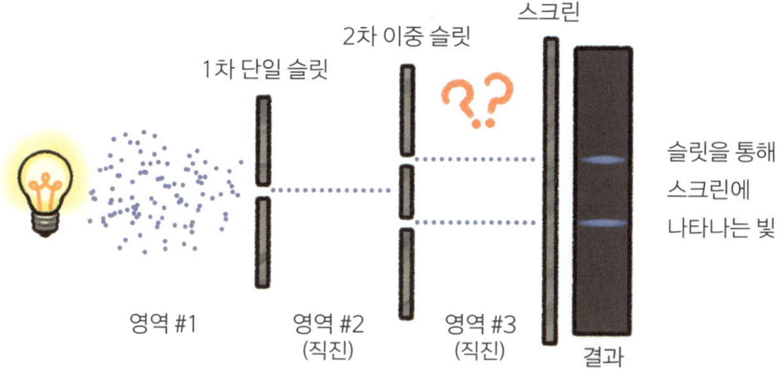

빛이 입자일 때의 슬릿 실험 결과

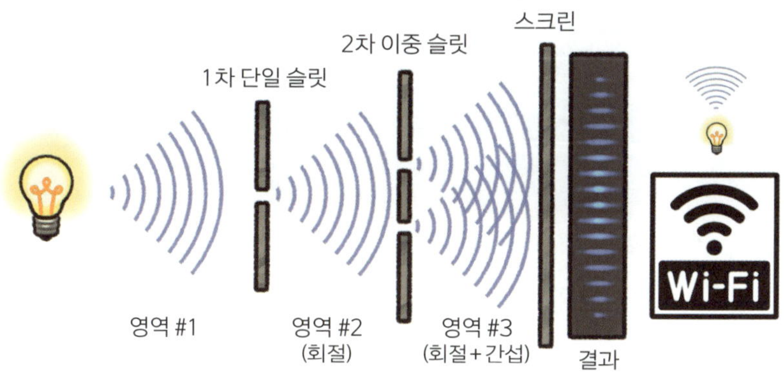

빛이 파동일 때의 슬릿 실험 결과

영의 실험에서는 이와 전혀 다른 결과가 나왔습니다. 광원에서 출발한 빛은 영역 #1, #2, #3을 지나 스크린에 밝고 어두운 무늬를 반복적으로 만들어냈지요. 이는 빛이 파동이라는 것을 알려줍니다. 1차 단일 슬릿을 통과한 빛은 물결처럼 퍼져 2차 이중 슬릿에 도달하고, 2차 이중 슬릿을 통과한 후 직진만 하는 것이 아니라 또 다시 물결처럼 공간상 옆으로도 퍼지는 '회절'을 하면서 스크린에 복잡한 무늬를 만들었기 때문입니다. 이 회절을 기호로 나타낸 것이 바로 Wi-Fi 기호입니다. 공간에 넓게 퍼져나가 어디에서든 수신이 잘 된다는 의미로 전자기파의 파동성을 나타내는 것입니다.

영역 #3을 회절하면서 진행하는 두 파동은 퍼져나가다 서로 섞이는데, 이를 '간섭'이라고 합니다. 간섭이 일어날 때 같은 방향의 진폭이 겹치면 진폭이 더 커지는 보강 간섭(↑↑ 또는 ↓↓), 반대 방향의 진폭이 겹치면 진폭이 줄어드는 상쇄 간섭(↑↓ 또는 ↓↑)이 일어납니다. 이 때문에 보강 간섭과 상쇄 간섭이 교차적으로 일어나 스크린에는 밝고(보강) 어두운(상쇄) 무늬가 반복적으로 나다납니다.

앞서 파동과 입자의 개념은 아날로그(연속)와 디지털(불연속)이므로 서로 타협하거나 섞일 수 있는 성격이 아니라고 했습니다. 그런데 이처럼 양립할 수 없는 개념인 파동성과 입자성이 단 하나의 대상인 빛에서 모두 관찰된 것입니다. 이러한 혼란 때문에 물리학자들 사이에서도 첨예한 대립과 논쟁이 벌어졌습니다. 결론을 내기까지의 시간만 봐도 자그마치 2세기나 걸린 문제였지요.

17세기 뉴턴이 빛의 입자성(광자) 주장

↓

19세기 초 영과 프레넬이 파동설 주장 및 실험적 증거 확보

이중 슬릿 실험(회절과 간섭)

↓

19세기 후반 맥스웰이 파동설 확립 → 전자기파(빛은 파동으로 결론지어짐)

↓

20세기 초 아인슈타인에 의한 입자설 부활 및 증거 확보 → 광전 효과(광자)

↓

20세기 파동-입자 이중성 → 양자역학

결국 "빛의 정체는 무엇인가?"라는 논란은 양자역학이 등장하면서 종지부를 찍었습니다. 빛은 파동이면서 입자이기도 한 이중성을 지닌 존재입니다. 마치 '지킬 박사와 하이드 씨'처럼 선과 악을 동시에 지닌 이중인격자인 셈이죠. 어찌 보면 진검승부의 결과가 타협으로 마무리되는 듯한 아쉬움도 있지만, 실제로 빛의 본성이 그러합니다.

이중 슬릿 실험은 '파동성'을 확인하는 실험이었습니다. 빛은 파동이므로 이 실험에서는 자연스럽게 빛이 가진 파동적 성질이 나타났지요. 반면 광전 효과는 '입자성'을 확인하는 실험이었고, 빛은 입자이므로 입자적 성질이 그대로 드러났습니다. 그러나 파동성과 입자성 둘 다를 한 번에 확인할 수 있는 방법은 없습니다. 다시 말해 빛은 파동성과 입자성을 '동시'에 드러내지 않습니다.

파동성과 입자성을 반의어처럼 표현하지 않은 이유가 바로 이런

오묘함 때문입니다. 이중인격도 마찬가지인데, 인격 자체는 서로 다르기 때문에 반대 성질로 표현할 수 있지만 인격의 근원(출발점)은 하나이므로 이 둘을 딱 잘라 구별해서 나눌 수 없는 것과 같습니다.

빛의 이중성을 정확하게 표현할 수 있는 방법은 현재 인간의 언어에서는 없는 듯합니다. 그나마 '이중성'이라는 용어로 두 개의 다른 성질을 지니고 있다는 정도로 표현할 뿐, 실질적 내용은 결국 인간의 지적 영역에서나마 어렴풋이 이해할 수밖에 없습니다.

빛의 이중성을 한 번에 표현하는 모형이 있습니다. 바로 입자 안에 전자기파를 넣은 형태입니다. 참고로 광자의 진동수는 광자 자체가 흔들리는 것이 아닙니다. 전자기장 모드(특정 진동 패턴) 하나에 에너지가 hf만큼 담긴 상태가 광자 1개입니다. 즉 광자는 전자기장의 에너지 최소 단위(양자)입니다. 지금까지 살펴본 것처럼 빛은 파동일 때와 입자일 때 이름이 각각 다릅니다. 빛이 파동일 때는 '전자기파', 입자일 때는 '광자'라고 부릅니다.

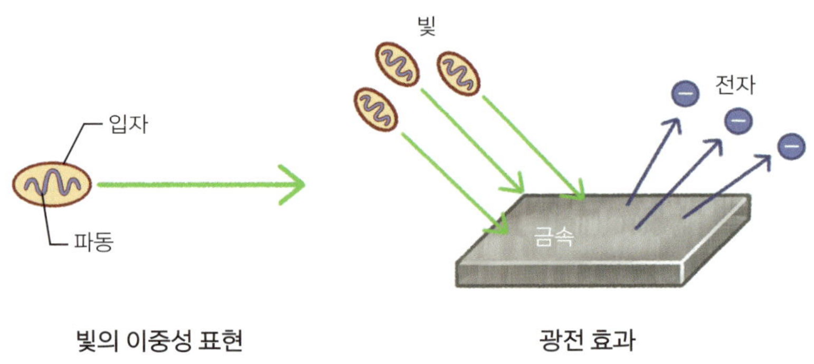

빛의 이중성 표현   광전 효과

214

입자의 배신: 물질파

빛이 파동이자 입자라는 사실이 밝혀진 후 이를 역으로 생각한 사람이 등장했습니다. 바로 프랑스의 물리학자 루이 드 브로이입니다. 그는 파동이라 굳게 믿었던 빛이 입자라면, 지금까지 입자라고 굳게 믿었던 물질도 실은 파동일 수 있다는 생각의 전환을 시도했습니다. 전류가 자석을 만든다면 자석은 전류를 만들 수 있다는 생각을 해낸 패러데이와 비슷한 발상이었지요.

드 브로이는 모든 물질이 파동이라고 주장했습니다. 결론적으로 입자도 파동이라는 것으로, 입자에서 출발한 또 하나의 이중성입니다. 물질이 파동성을 보이는 현상을 물질파(matter wave)라고 합니다.

파동의 속력은 진동수와 파장에 비례합니다.$(v=f\lambda)$ 이 중에서 오직 파동을 대표할 수 있는 파동만의 고유한 특징을 지닌 물리량을 하나 뽑는다면 단연 파장(λ)입니다. 속력과 진동수는 입자의 운동에서도 볼 수 있기 때문입니다.

파동을 대표하는 물리량 : λ

반대로 파동이 가지지 못하는 입자만의 고유한 특징은 단연 질량(m)입니다.

입자를 대표하는 물리량 : m

파동은 제자리에 정지해 있지 않고 속도를 가진 채 전파됩니다. 그러니 입자도 제자리에서 마냥 정지해 있지 않도록 속도를 적용합니다. 그러면 입자는 운동량을 갖게 됩니다.

입자를 대표하는 물리량 : $m \rightarrow mv \rightarrow p$ (속도 적용)

이제 파동을 대표하는 파장(λ)과 입자를 대표하는 운동량(p) 간의 관계를 찾으면 되는데, 잘 알다시피 파동과 입자는 서로 정반대의 성향을 지닙니다.

$$\lambda \propto \frac{1}{p}$$

여기서 파동과 입자를 연결하는 연결고리가 바로 플랑크 상수 h입니다.

$$\lambda = \frac{h}{p}$$

드 브로이 물질파(장)

이렇게 간단하게 이끌어낸 드 브로이 물질파는 이후 하이젠베르크의 불확정성 원리, 슈뢰딩거의 파동 방정식, 보른의 확률 해석 등 양자역학 핵심 이론들의 기반이 되었습니다.

드 브로이 물질파를 보면 입자나 물질의 파동적 성질을 확인하기 어려웠던 이유를 알 수 있습니다. 일반적인 물질의 질량이나 속력은 플랑크 상수($h=6.626 \times 10^{-34} \mathrm{J \cdot s}$)에 비해 너무나 큰 값입니다. 따라서 물질의 파장이 너무 짧아 파동적 성질을 관측할 수 없었던 것입니다.

파동인 빛이 입자로 인정받는 계기가 된 광전 효과의 결정적 실험 증거처럼, 드 브로이 역시 물질파를 증명해 줄 실험적 증거가 필요했습니다. 이윽고 데이비슨과 저머, 그리고 독자적으로 연구를 진행한 G.P. 톰슨이 입자의 파동성을 확인하는 실험에 성공했습니다. 바로 입자의 대표인 전자가 회절과 간섭 현상을 일으키는 현상을 확인한 것이죠.

앞서 영의 이중 슬릿 실험에서도 보았듯이 회절과 간섭은 오직 파동만이 가진 고유한 성질입니다. 빛에 이어 이제는 입자로 굳게 믿었던 전자마저 이중인격을 지닌 존재였음이 드러났습니다. 그동안 이분법으

J. J. 톰슨   G. P. 톰슨

로 분리해서 생각했던 파동과 입자의 개념을 재정립해야 할 상황에 놓인 것입니다. 이 이중성을 기점으로 물리학은 '고전물리학'과 '양자물리학'으로 나뉘었습니다. 간단히 말해 고전물리학은 이중성을 특별하게 생각하고, 양자물리하은 이중성을 자연스러운 모습으로 생각합니다.

참고로 G. P. 톰슨은 인류 역사상 전자를 처음으로 발견한 J. J. 톰슨(191쪽 참고)의 아들입니다. 아버지는 전자와 그 입자성을 밝혀 1906년에 노벨물리학상을 받았습니다. 아들은 반대로 전자의 파동성을 증명해서 1937년에 노벨물리학상을 받았지요. 아이러니하게도 아들은 아버지의 연구 결과를 반박한 공로로 아버지와 같은 상을 받은 셈입니다. 어쨌든 미지의 존재였던 전자는 한 집안 부자에 의해 낱낱이 파헤쳐져 세상에 드러났습니다.

전자의 정체: 물질의 이중성

빛의 파동성을 증명하는 영의 이중 슬릿 실험을 빛 대신 전자로 대신한 것이 '이중 슬릿 전자총 실험'입니다. 전자총으로 전자를 발사한다는 것 자체가 이미 전자의 입자적 성질을 이용한 것인데, 입자인 전자가 형광판에 도착할 수 있는 경우의 수는 오직 슬릿을 통과했을 때뿐

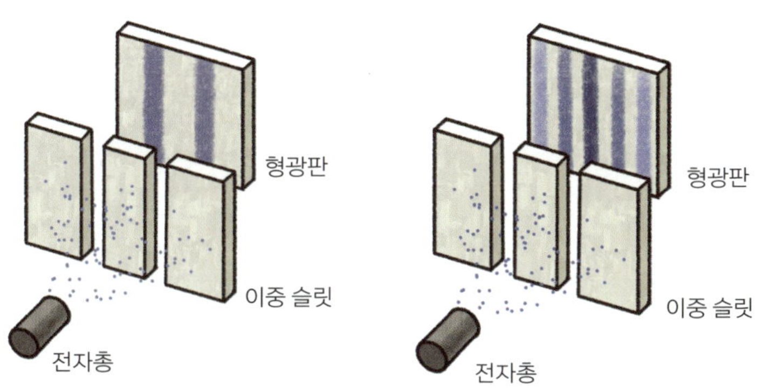

① 형광판의 두 줄 무늬 → 입자의 증거   ② 형광판의 간섭 무늬 → 파동의 증거

스텐실 틀을 이용한 글씨 쓰기

입니다. 따라서 형광판에는 슬릿과 같은 형태의 두 줄 무늬가 생겨야
합니다.

마치 글씨나 로고를 새긴 스텐실 틀에 스프레이 페인트를 뿌리면
페인트 방울 입자들이 뚫린 부분만 통과해서 틀에 새겨진 모양이 그대
로 찍히는 것과 같습니다.

실험 결과는 놀랍게도 두 줄이 아니라 밝고 어두운 무늬가 반복되
는 간섭 무늬가 형광판에 나타났습니다.(219쪽 ②그림) 이는 슬릿을 통
과한 입자에서는 절대 나타날 수 없는 형태의 무늬입니다. 결국 슬릿을
통과한 전자는 형광판에 닿기 전까지 회절과 간섭을 했다는 결론에 도
달합니다.

다시 말해 총에서 발사될 때는 입자였던 전자가 슬릿을 통과한 뒤
에는 회절과 간섭을 하는 파동이 되었다는 것이지요. 그런데 물리학자
들에게 이 결과는 그리 마음에 드는 결론이 아니었습니다. '슬릿이 뭐

라고 입자를 파동으로 바꿀 수 있지?'라는 생각이 들었기 때문입니다.

그래서 그들은 새롭게 생각하기 시작했습니다. 인정하긴 어렵지만, 간섭이라는 것이 반드시 파동에서만 일어나는 것이 아닐지도 모른다는 가능성을 제기한 것이죠. 만약 그렇다면 전자총에서 발사된 전자는 슬릿을 지나기 전과 후 모두 입자이고, 단지 슬릿을 지난 후 입자와 입자 사이에 간섭이 발생한 것으로 해석할 수 있습니다.

이를 알아내기 위해 실험을 조금 바꿔서 전자를 동시다발적으로 발사하지 않고 한 번에 한 개씩, 충분한 시간 간격을 두고 발사해 보았습니다. 간섭이 일어나려면 최소 2개 이상의 입자가 필요하기 때문입니다. 입자 1개로는 어떤 경우라도 간섭이 일어나지 않으므로 형광판의 간섭 무늬가 사라질 것으로 예상했습니다. 그러나 실험 결과는 변하지 않았습니다. 전자를 1개씩 발사해도 여전히 간섭 무늬가 나타났습니다. 결국 스크린에 나타난 간섭 무늬는 입자 간의 간섭에 의한 것이 아니었지요.(파동의 증거)

전자 입자 1개가 슬릿 바로 앞에서 두 개로 쪼개진 후 두 슬릿을 통과해서 간섭 무늬를 만들 수는 없습니다. 결국 전자총으로 발사한 전자를 입자라고 생각했으나, 실제 전자는 슬릿을 통과하기 전에도 파동이었으며 이중 슬릿에 도달하고 통과한 후에도 파동처럼 퍼져나간다고 정의해야만 형광판에 생기는 간섭 무늬를 설명할 수 있습니다.

전자를 한 번에 하나씩 발사할 때 전자는 분명 입자였습니다. 그런데 발사된 한 개의 입자가 한 번에 두 슬릿을 동시에 통과할 수 없음에도 불구하고 간섭 무늬가 만들어졌습니다. 이를 명확하게 확인하려면, 전자가 어느 쪽 슬릿을 통과하는지 전자 검출기를 설치하면 슬릿 통과 시점의 전자가 입자인지 파동인지를 알 수 있습니다. 입자라면 둘 중 한 슬릿에서만 전자가 감지될 것이고, 파동이라면 두 슬릿 모두에서 전자가 감지되지 않을 것입니다.

전자 검출기를 설치하자 두 슬릿 중 한 곳에서 전자가 통과되는 것이 감지되었습니다. 그 뒤 이상한 일이 일어났습니다. 형광판의 간섭 무늬가 사라지고 두 줄무늬가 나타난 것입니다.(입자의 증거) 전자가 입자임을 관찰해서 확인한 순간 실험 결과도 전자가 입자라는 증거로 바뀌어 나타났습니다.

결국 물질을 대표하는 전자 역시 빛과 마찬가지로 입자면서 파동이기도 한 이중성을 지니고 있습니다. 더불어 전자는 입지인지 파동인지 결정되지 않은 상태로 존재합니다. 이를 양자역학에서는 '양자 중첩 상태'라고 합니다. 양자 중첩 상태인 물질은 관측하는 순간 상태가 결정됩니다. 다시 말해 관측되기 전 파동이었던 전자가 검출기에 관측된 순간, 전자는 입자로 결정되는 것이죠. 양자 중첩 상태에서는 파동과 입자 어느 쪽도 가능하며 여러 가능성을 동시에 갖습니다.

물질의 이중성 및 관측 전까지 어느 상태인지 알 수 없는 상황을 비유한 것이 바로 유명한 '슈뢰딩거의 고양이'입니다. 상자 안에 들어 있어서 현재 관측이 불가능한 고양이는 죽은 상태와 살아 있는 상태가 중첩되어 있고, 상자를 열어 고양이를 관측한 순간 고양이는 '죽은 상태' 또는 '살아 있는 상태' 중 하나로 결정된다는 개념입니다. 이를 '관측에 의한 양자 중첩의 붕괴'라고 부릅니다.

상태가 관측에 따라 어느 하나로 결정된다는 상황이 마치 말장난처럼 느껴지는 이유는 앞서 설명했듯이 인간의 언어나 감각으로 자연을 표현하기에는 한계가 있기 때문입니다. 이러한 일이 일어나는 세계 자체가 엄청나게 작은 원자 단위의 미시 세계인 만큼 우리의 일반적인 경험과는 일치하지 않는데, 경험하지 않은 일은 이해하기가 매우 어렵지요.

전자 이중 슬릿 실험의 결과를 정리해 보면, 전자의 존재를 관찰하지 않는 경우에는 간섭 무늬가 나타나며 전자는 파동 상태(전자파)입니다. 입자는 관찰이 가능합니다. 따라서 전자를 관측하는 순간, 전자는 입자이며 형광판에는 두 줄의 슬릿 무늬가 나타납니다.

참고로 전자도 빛과 마찬가지로 입자일 때와 파동일 때 이름이 각각 다릅니다. 전자가 입자일 때는 '전자', 파동일 때는 '전자파'라고 부릅니다.

전자 이중 슬릿 실험 이후 입자로만 알고 있던 전자가 파동이기도 하다는 것이 밝혀졌습니다. 입자로 여겨진 모든 물질이 사실은 파동이라는 물질파 이론이 증명된 것입니다. 더불어 입자성과 파동성은 동시에 드러나지 않으며 관측되는 순간 입자성이 드러난다는 사실도 확인되었습니다.

결국 물질로 정의한 세상의 모든 것들이 여태껏 파동성을 보이지 않은 이유는 관측되고 있었기 때문입니다. 인간이 정의한 물질은 공간을 차지하고, 질량을 가지며, 에너지를 저장할 수 있는 모든 것을 의미합니다. 따라서 어떤 경우라도 물질은 존재 자체가 인지되고 관측된 상태로 볼 수 있습니다.

물질의 이중성과 전자 이중 슬릿 실험 결과를 쉽게 이해하기 위해 다음과 같이 비유해 보겠습니다. 인간의 성(性)은 남성과 여성 딱 두 개

만 있고, 남성과 여성을 구분하는 기준은 오직 성호르몬에 의해서만 가능하다고 가정합니다. 즉 남성 호르몬이 검출되면 남성, 여성 호르몬이 검출되면 여성인 것입니다. 그 외에는 다른 어떠한 방법으로도 이 둘을 구별할 수 없습니다.

'전자'라는 사람은 남성 호르몬 검사를 하면 남성으로 결정됩니다. 그런데 여성 호르몬 검사를 하면 여성으로 결정됩니다. 어려워 보이지만 사실 이유는 단순합니다. '전자'는 남성 호르몬과 여성 호르몬을 둘 다 지니고 있기 때문입니다. 이것이 바로 이중성의 개념입니다.

'파동으로 행동하던 전자를 관측하는 순간, 전자는 자신이 관측당한다는 사실을 알고 갑자기 입자로 돌변하는 거야!'라며 양자역학의 신비로움과 난해함을 강조하는 경우가 많은데 사실 그 정도로 신비롭거나 불가사의한 내용은 아닙니다.

남성 호르몬 검사 결과를 통해 남성으로 알려져 있던 전자에게 여성 호르몬 검사를 하면 전자는 여성이 됩니다. 하지만 이는 원래 남성

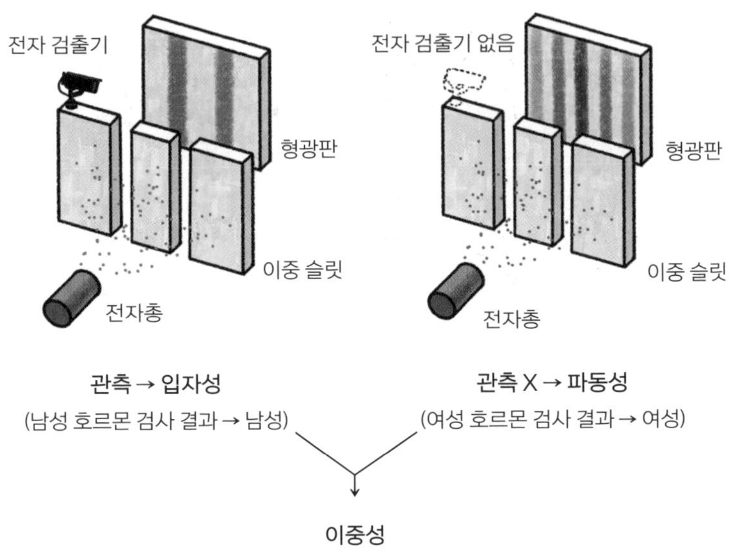

이었던 전자가 여성 호르몬 검사를 하자 여성으로 변신을 한 것이 아닙니다. 원래 전자는 남성과 여성 호르몬이 모두 있기 때문에 전자 자체는 아무런 변화가 없습니다. 단지 호르몬 검사라는 판별 행위의 결과만 측정 행위에 따라 달라지는 것입니다.

전자는 호르몬으로 보면 남성이기도 하고 여성이기도 합니다. 따라서 남성 호르몬 검사에는 남성, 여성 호르몬 검사에는 여성이라는 결과가 나오지요. 아쉽게도 남성 호르몬과 여성 호르몬을 동시에 측정하는 것은 인간의 인지 능력의 한계로 불가능하기 때문에 어떤 호르몬 검사를 하는지에 따라 전자의 성별이 매번 달라집니다.

관측이라는 행위는 입자성을 확인하는 호르몬 검사에 해당합니다.

따라서 전자를 관측하는 순간 전자는 자신의 입자성을 그대로 보여줄 뿐입니다. 반대로 관측을 하지 않는 행위는 파동성을 확인하는 호르몬 검사에 해당하므로 관측을 하지 않을 때는 파동성이 나타나는 것이지요.

원자의 에너지 준위와 스펙트럼

원자 중심에 (+)전하를 띤 원자핵이 위치하고 (−)전하를 띤 전자가 그 주위를 공전하고 있다는 원자 모형은 사실 큰 결함이 있습니다. 바로 전자의 공전 때문입니다. 전하를 띤 입자가 가속 운동을 하면 전자기파가 발생합니다. 이 말은 공전하는 전자는 계속해서 전자기파를 방출한다는 뜻입니다. 그러면 전자의 에너지는 계속 줄어들어 공전 궤적이 감소하게 되고, 결국 전자는 원자핵과 충돌해서 원자는 붕괴되어야 합니다. 또 다른 문제는 불연속적인 선 스펙트럼입니다. 전자가 계속해서 전자기파를 방출하므로 원자의 빛 스펙트럼은 연속적이어야 하지만, 실제로는 불연속적인 선 스펙트럼이 관측됩니다.

수소 원자 흡수 스펙트럼

수소 원자 방출 스펙트럼

보어의 가정

◆ **가정 1.** 전자는 특정 궤도를 돌고 있으며 이 궤도에서의 전자 운동은 전자기파를 발생시키지 않습니다. 또한 특정 궤도 이외의 어떠한 위치에도 전자는 존재할 수 없습니다. 전자가 존재하는 궤도를 숫자로 표시하는데 이를 양자수라고 합니다.($n = 1$, $n = 2$, $n = 3, \cdots$) 마지막으로 양자화된 궤도에서의 특정 에너지 상태를 에너지 준위(energy level)라 합니다.('준위'라는 말이 어려워 보이지만 영어 그대로 '에너지의 레벨'이라고 이해하면 됩니다.)

◆ **가정 2.** 전자는 두 에너지 준위 차이만큼의 빛에너지를 흡수하거나 방출하며 에너지 준위 사이를 이동합니다. 궤도가 연속적이지 않은 만큼 에너지 준위 간의 차이는 특정 값으로 정해져 있습니다. 전자는 오직 이 특정 에너지값과 정확히 일치된 에너지만을 흡수하거나 방출합니다. 에너지를 흡수하면 에너지 준위가 높은 궤도로 전자가 전이하고, 에너지를 방출하면 더 낮은 에너지 준위로 전자가 전이합니다. 이때 흡수하고 방출하는 에너지의 형태는 빛에너지로 나타납니다.(보어는 이때의 빛을 광자로 보았습니다. $E = hf$) 이러한 특징 때문에 특정 값의 빛에너지만 흡수하거나 방출되어 선 스펙트럼이 나타나는 것입니다.

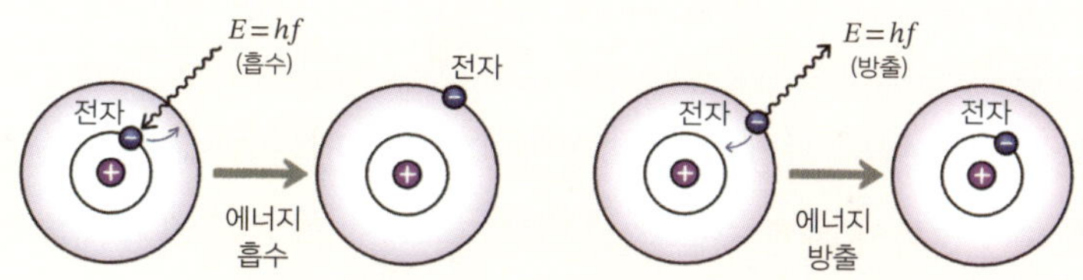

전자의 빛에너지 흡수와 방출에 따른 에너지 준위 이동
↓
빛과 전자를 모두 입자로 간주한다.

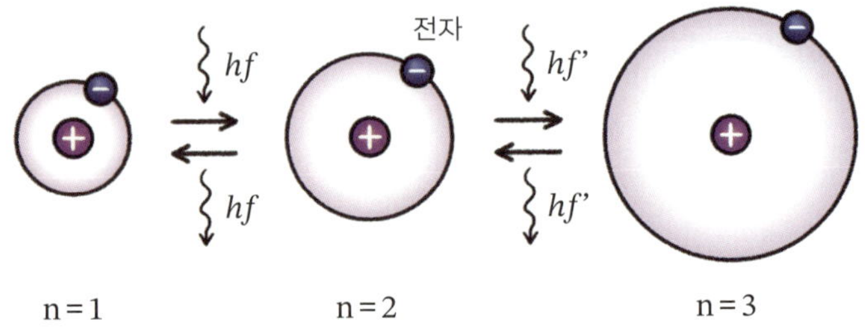

n=1　　　　　　n=2　　　　　　n=3

빛과 전자를 모두 입자로 간주한 원자 모형

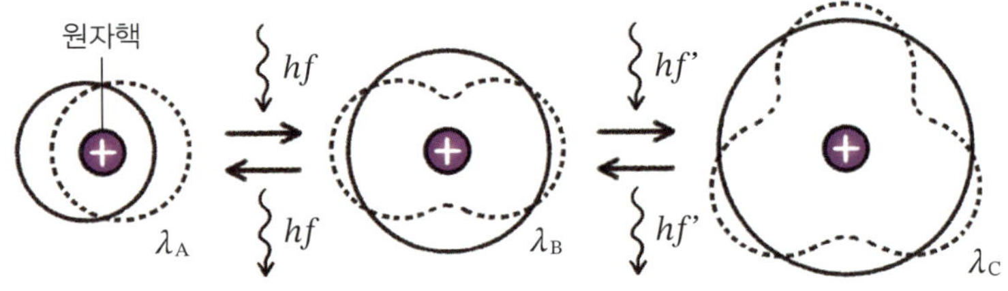

빛을 입자, 전자를 파동으로 간주한 원자 모형

닐스 보어는 이 문제를 해결하고자 과감한 가정을 제시하고, 기존의 원자 모형을 바꿔 자신만의 원자 모형을 만들었습니다.

보어는 전자기파 발생 문제를 해결하기 위해 무리수를 둔 가정을 세웠지만, 결국 자신의 주장을 수학적으로 증명해 냈습니다. 왜 특정 궤도에만 전자가 존재해야 하는지는 모른 채로 말이죠. 하지만 원자 내 전자의 특정 궤도 문제는 전자를 입자가 아닌 파동으로 해석하면 단번에 해결됩니다.

전자가 입자가 아닌 파동이라면 원자 내에서 전자파가 서로 간섭을 합니다. 이때 진폭이 서로 보강되는 보강 간섭을 한 전자파는 계속 존재하고 진폭이 서로 상쇄되는 상쇄 간섭을 한 전자파는 사라집니다. 즉 전자가 존재하는 특정 궤도는 전자파의 보강 간섭이 일어나는 위치이고, 전자가 존재하지 못하는 궤도와 궤도 사이는 전자파의 상쇄 간섭이 일어나는 위치인 것이죠.

전자의 파동성을 이용하면 보어가 고생 끝에 얻어낸 전자 궤도의 반지름도 쉽게 유도해 낼 수 있습니다. 바로 파동의 보강 간섭 조건을 이용하면 됩니다. 파동은 입자와 달리 연속적이기 때문에 보강 간섭이 되려면 파동의 위상(위치와 모양)이 정확하게 일치해야 합니다. 똑같은 파동이 완벽하게 겹치는 경우 파동은 제자리에서 진동만 하는 것처럼 보이는데, 이를 정상파(standing wave)라고 합니다.

다시 말해 전자파는 원자 내에서 정상파 형태로 보강 간섭이 되는 위치에 존재합니다. 이것이 보어가 전자를 입자로 간주했을 때 전자가 존재할 수 있는 전자 궤도인 것입니다.

전자 궤도의 반지름을 r이라고 하면 전자 궤도의 둘레는 $2\pi r$이 됩니다. 이제 전자 궤도를 전자 파동, 즉 전자파로 생각하고 전자 궤도의 길이를 전자의 파장으로 해서 전자파가 존재할 수 있는 보강 간섭 조건을 사용해 봅시다. 파장(λ)의 길이를 정수배(n)로 규격화하고 잘라서 겹치면 정확하게 일치하여 보강 간섭이 일어납니다.($n\lambda$) 따라서 전자파가 사라지지 않고 존재할 수 있는 조건은 '전자 궤도의 둘레가 전자파 파장의 정수배'입니다.

$$2\pi r = n\lambda \rightarrow r = \frac{n\lambda}{2\pi} \, (n = 1, 2, 3\cdots)$$

이렇게 원자 내 전자파의 위치(반지름)를 구했으니 전자를 입자로 나타내고자 한다면 파동성을 입자성으로 바꾸는 물질파($\lambda = \frac{h}{p}$)만 적용하면 됩니다. 이제 입자 상태의 전자 질량과 속력으로 전자가 존재할 수 있는 궤도 반지름의 크기를 구할 수 있습니다.

$$r = \frac{n\lambda}{2\pi} = \frac{n}{2\pi} \times \frac{h}{p} = \frac{nh}{2\pi mv}$$

실제로 보어는 전자를 입자로 보고 수소 원자의 전자 궤도 반지름을 구했습니다.

$$r = \frac{n^2 \hbar^2}{mke^2}$$

식을 보면 알 수 있듯이 이 과정은 꽤 험난했습니다. 하지만 우리는 앞서 전자를 입자가 아닌 파동이라는 사실로 너무도 간단하게 전자 궤도를 구했습니다. 결국 접근 자체가 달라 서로 다른 형태처럼 보이지만 이 두 식은 서로 같은 의미입니다.

지금까지 내용을 따라오느라 고생 많았습니다. '물리 법칙 그대로 이해하면 되지, 꼭 이렇게까지 설명해야 하나?' 하는 생각이 드는 사람도 있겠죠. 왜냐하면 다름 아닌 제가 그렇게 생각하는 사람이기 때문입니다.

물리학 수업을 하면서 정보를 인식하고 판단하는 방식이 사람에 따라 차이가 크다는 것을 느낍니다. MBTI로 이야기하자면 인식 방식을 나타내는 N(직관)과 S(감각), 그리고 판단 방식을 나타내는 T(사고)와 F(감정)의 차이로 볼 수도 있겠습니다. 사실 저는 '아기 곰이 있는데 엄마 곰이 나타났어, 그럼 곰은 두 마리가 되었네!'보다 '$1+1=2$'가 훨씬 이해하기 편합니다. 그 어떤 상황이 벌어지더라도 단 한 줄로 모든 것을 표현해 내는 '$a+b=c$'와 같은 방식은 단순 명쾌 그 자체니까요.

그러다 보니 학생들이 '$F=ma$'처럼 이렇게나 쉽고 간결한 것을 이해하지 못한다는 사실을 처음에는 이해할 수 없었습니다. MBTI가 대중화된 지금은 그나마 낫지만, 예전의 저는 사람마다 인식하거나 판단하는 성향이 다르다는 생각조차 하기 쉽지 않았습니다. 제가 할 수 있는 건 오직 물리 개념을 어떻게 이해하기 쉽게 전달할지 고민하는 것뿐이었죠.

생각보다 많은 과학자가 시와 문학에 비판적인 견해를 보입니다. 감성적이고 추상적인 시와 문학은 과학적 사고와 동떨어져 비논리적이며 표현 방식이 모호하고, 누구나 알 수 있는 사실도 오히려 아무도 모르게 만들어 버리는 불필요한 존재라고 노골적으로 비판한 과학자도 있습니다.

하지만 시나 문학 작품의 아름다움을 느끼는 사람들의 눈으로 보면 감정적이고 주관적인 언어야말로 인간의 내면을 표현할 수 있는 언어 본연의 가치를 담고 있으며, 사람에 따라 전혀 다르게 해석되고 정답이 없는 수많은 감동을 불러일으킨다고 말하지요. 즉 시와 문학이야말로 과학과는 다른 방식으로 인간 경험을 탐구하고, 인간 존재의 의미를 더욱 깊이 있게 이해할 수 있도록 돕는다는 것입니다. 여러분의 생각은 어떤가요?

과학자들은 문학의 비논리성이 과학적 사고를 방해한다고 하지만, 따지고 보면 과학자들은 문학이 이해하기 어려운 것일 뿐입니다. 반대로 문학가들은 감정 없는 과학적 사고와 사실들의 나열이 결코 예술이나 작품이 될 수 없다고 말하지만, 결국 그들에겐 반대로 과학이 이해하기 어려운 것일 뿐입니다.

저는 세상이 둘로 나누어 한쪽으로만 바라보기엔 너무나 아까운 대상이라고 생각합니다. 세상엔 어느 한쪽의 아름다움만 존재하는 것이 아닙니다. 확고한 본인만의 성향이 있다 하더라도 양쪽 모두의 아름다움을 이해하려는 시도를 멈추지 않았으면 합니다. 반쪽만의 세계에 머물며 인생을 허비하기엔 우리의 삶이 너무도 소중하고, 이 세상은 비록 쉽게 이해되지 않더라도 너무나 아름다운 것들로 가득하기 때문이죠.

유치환 시인이 쓴 '깃발'이라는 시에는 가장 유명한 첫 행인 '이것은 소리 없는 아우성'이라는 문장이 있습니다. 과학적 사고에 매몰된 과학자들에게는 비판받아 마땅할 모순된 비논리의 결정체겠지만, 오늘날 양자역학을 설명해야 할 과학자들은 이보다 더한 모순적인 비유를 들어야 합니다. 나아가 '소리 없는 아우성'과 마찬가지로, '입자 아니면 파동'이라는 이분법적 사고는 이제 현대 물리에 적용될 수 없음을 교훈으로 받아들일 수도 있겠습니다.

마지막으로 제가 오래전 겪은 일을 소개하며 마치겠습니다. 어느 날 바닷가에서 한 어린아이가 엄마에게 파도가 치는 이유를 묻는 것을 본 적이 있습니다. 겉으로는 무관심한 척 했지만, 엄마가 아이에게 어떻게 설명할지 내심 궁금했지요. 저였다면 어린아이가 이해할 수 있도록 "달이 바다를 잡아당기고 바람이 밀어줘서 그래."라고 말했을 겁니다. 아이의 엄마는 아이에게 이렇게 얘기했습니다. "바다가 숨을 쉬고 있는 거야."

읽자마자 쉬워지는 물리학 교과서

돈으로 이해하는 물리학 법칙

1판 1쇄 펴낸 날 2025년 12월 29일

지은이 이광조
일러스트 은옥
주간 안채원
책임편집 윤성하
편집 윤대호, 채선희, 장서진
디자인 김수인, 이예은
마케팅 함정윤, 김희진

펴낸이 박윤태
펴낸곳 보누스
등록 2001년 8월 17일 제313-2002-179호
주소 서울시 마포구 동교로12안길 31 보누스 4층
전화 02-333-3114
팩스 02-3143-3254
이메일 bonus@bonusbook.co.kr
인스타그램 @bonusbook_publishing

ISBN 978-89-6494-779-1 03420

• 책값은 뒤표지에 있습니다.